灵魂在左

智在右

孙浩 著

REASON
IN THE RIGHT

SOUL
IN THE LEFT

中国华侨出版社

图书在版编目（CIP）数据

灵魂在左，理智在右 / 孙浩著. —北京：中国华侨出版社，
2016.12

ISBN 978-7-5113-6625-2

Ⅰ．①灵… Ⅱ．①孙… Ⅲ．①人生哲学－通俗读物
Ⅳ．①B821-49

中国版本图书馆CIP数据核字（2016）第315432号

● 灵魂在左，理智在右

著　　者/孙　浩
责任编辑/嘉　嘉
封面设计/一个人·设计
经　　销/新华书店
开　　本/710毫米×1000毫米　1/16　印张/16　字数/230千字
印　　刷/北京一鑫印务有限责任公司
版　　次/2017年3月第1版　2019年8月第2次印刷
书　　号/ISBN 978-7-5113-6625-2
定　　价/32.00元

中国华侨出版社　　北京市朝阳区静安里26号通成达大厦3层　　邮编100028
法律顾问：陈鹰律师事务所
编辑部：（010）64443056　　64443979
发行部：（010）64443051　　传真：64439708
网　址：www.oveaschin.com
E-mail：oveaschin@sina.com

前 言
PREFACE

　　灵魂，似乎怎么看都应该是感性的东西，于是有人说，离理性越近，离灵魂就越远。孰知，这大概是对灵魂最大的偏见和误解了。

　　感性体现了一种人性化的处事对人，也可以树立亲和型的另类权威。感性是母性的象征。感性的语言更赋有感染力，对情感也有着独特的坚持和认知。感性也是一种生活态度，它会让生活更随性更轻松。

　　理智就是理性和智慧的结合。理性和智慧有强弱和高低之分，但每个人都有。我们常说一个愚蠢的人迷失了理智，那不是说他没有理智，只是迷失了理智。我们又常说一个犯人丧失了理智，同理，他也是本有理智的。因此，聪明的人和愚蠢的人本质区别不是智商的高低，好人和坏人的本质区别不是人性的善恶，而是是否坚守了理智。

　　然而，任何事物都有限度，感性与理智也是一样，当感性过头，就会把过程完全情绪化，导致简单的事物变得复杂化，又可以认定为作茧自缚。所以作为一个感性的人，应该更多地去掌握理智，感性的同时要用理智去支配，这样才不会把生活搞得乱七八糟。

　　而过分的理性就往往会使人锱铢必究，做事重利轻情。如此，灵魂会被利益和功利所桎梏。精于算计，心机深厚，心理多是晦涩的，失去了人性中最原始的快乐和幸福感。在理智角度上站得太久的人，会失衡，所以应该在失衡的那个空白处添上感性，这样天平才能保持平衡。

感性如油门，理智似刹车，两个都存在而去利用，才能更好地为人生方向导航。在踩油门的同时要记得刹车的位子，要在遇到阻难的时候准确地踩到刹车，这样才能平安顺利地走好人生路。

天平两端，一边是理智，一边是灵魂。灵魂在左，理智在右，定位人生的每个点，牵扯出人生曲线之美。这是一个多样的季节，有的人历经沧桑回去了不再出来，有的人蠢蠢欲动地想要换个地方寻找精彩，有的人在原地拼命地寻找安全感……人生匆匆，在生活中要时刻记住——灵魂在左，理智在右！

目 录
CONTENTS

Chapter

01

梦想在左，现实在右

Chapter

04 欲望在左，底线在右

Chapter

07 邪恶在左，善良在右

08 别人在左，自己在右

Chapter

01

梦想在左，
现实在右

　　理想是一把尺，量出一个人见识的长短；追求是一杆秤，称出一个人灵魂的轻重。没有梦想的人，就是没有灵魂的行尸走肉，虽然能生活自理，却忘记了生活的意义。

成功的前身是梦想

年轻时的一个梦想，就是一个金色的种子。它会发芽，它会成长，它会努力实现最初的梦想。它无法预知未来的世界，也猜不出将面临何样的磨难，但它是一个信念，会促使人一直向前。

"2010年4月，小米公司刚刚创立，在中关村，就十来个人、有谁相信我们能赢？"雷军在乌镇参加全球互联网峰会时说道。"手机这个行业是刀山火海，前面有三星、有苹果，后面有联想、有华为……一个正常人想到智能手机，就觉得这个市场竞争很激烈。"

"2011年前，我们的产品刚刚发布，仅仅用了4年时间，谁能想到，就这十来个人的小公司，在这样竞争激烈的市场里面，杀到了全中国第一、全球第三。我们今天有这样的业绩、有这样的起跑线，我觉得我们总应该有这么一点点梦想，用5到10年时间杀到全球第一吧。记得马云说过，梦想还是要有的，万一实现了呢？

"我有天晚上从梦中醒来，问了自己一个问题：我40岁了，在别人眼里功成名就，还干着人人都很羡慕的投资。我还有没有勇气去追寻我小时候的梦想？岁数越大，谈梦想就越难，大家现在都是最有梦想的时候，你们到了40岁的时候，还有梦想吗？面对残酷的现实，还有几个人能笑对今天、笑对明天？

"我当时问我自己，还有没有勇气去试一把。这么试下去风险很高，有可能身败名裂，有可能倾家荡产，而且更重要的是，我在别人眼里已经是一个成功者，我需要冒这么大的风险去做一件这么艰难的事情吗？其实我真的犹豫了半年时间。最后我觉得，这种梦想激励我自己一定要去赌一把，只有这样做，我的人生才是圆满的，至少当我老了的时候，还可以很自豪地说：我曾经有过梦想，我曾经去试过，哪怕输了。我最后下定了决心，创办了小米。刚开始，我认为我百分之百会输，我想的全部是我会怎么死，但我真的很庆幸，我们竟然只用了3年，就取得了一个令我自己都无法相信的结果。

"我为什么会有这样的梦想？因为18岁那年，我在图书馆无意之中看了一本书，改变了我的一生。那是1987年，我上大学一年级，那本书叫《硅谷之火》，讲述的是20世纪70年代末、80年代初，硅谷英雄们的创业故事，其中主要的篇章就是讲乔布斯的。书中说，乔布斯在那个年代，代表着美国式的创业。我记得20世纪90年代比尔·盖茨很成功的时候，他说'我不过是乔布斯第二'，乔布斯在80年代就已经如日中天。当时看了这本书，激动的心情久久难以平静。我清晰地记得，我在武汉大学的操场上，沿着400米的跑道走了一圈又一圈，走了个通宵，我怎么能塑造与众不同的人生？在中国这个土壤上，我们能不能像乔布斯一样，办一家世界一流的公司？我觉得只有这样，我才无愧于我的人生，才会使我自己觉得，人生是有价值、有意义、有追求的。

"当我有这样的梦想后，我认为放到口头上是没有用的，怎么能够落实到实际的学习和工作中，这才是最重要的。我当时给自己制订了第一个计划：两年修完大学所有的课程。我用两年时间完成了目标，我是当时武汉大学为数不多的双学位获得者，而且我绝大部分的成绩都是优秀，在全年级一百多人里排名第六。

"有梦想是件简单的事情，关键是有了梦想以后，你能不能把梦想付诸实践。你要怎么去实践，你怎么给自己设定一个又一个可行的目标？当然，有了这样的目标还不够，因为要成功不是一件简单的事情，需要你长时间的坚韧不拔、百折不挠。

"我在40岁的时候，没有忘记18岁时的梦想，我去试了。我经常跟很多年轻人交流梦想。我自己特别喜欢一句话，叫'人因梦想而伟大'。只要你有了梦想，你就会变得与众不同。周星驰也讲过一句名言，叫'做人如果没有梦想，跟咸鱼有什么区别'。所以关键的是，要有梦想，有梦想是你迈向成功的第一步，有了第一步以后，你一定要为自己的梦想去准备各种坚实的基础。"

再伟大的成就在最初的时候也只是一个梦想，梦想是我们未来的奋斗方向。也许，你现在的环境并不很好，但你只要有梦想并为之而奋斗，那么，你的环境就会改变，梦想就会实现。

成功在一开始仅仅是一个选择，但是你选择了什么样的梦想，就会有什么样的成就，就会有什么样的人生。杰出人士与平庸之辈的根本差别并不是天赋、机遇，而在于有无梦想和梦想的高远与否。

现状，并不决定未来

　　你现在的情况可能并不好，但并不代表你的未来一定也不好，你永远不要做的事就是看不起自己。就算很多人都不看好你，如果你想走遍世界，你的心就必须向着世界走。

　　很多人最大的弱点就是自我贬低，亦即廉价出卖自己的劳动。这种毛病在诸多方面显示出来。例如，张三在报上看到一份他喜欢的工作，但是他没有采取行动，因为他想："我的能力恐怕不足，何必自找麻烦！"

　　认识自己的缺点是很好的，可借此谋求改进。但如果仅认识自己的消极面，就会陷入混乱，对自己毫无信心，觉得自己毫无价值。要诚实、全面地认识自己，决不要看轻自己。过分低估自己的能力，遇事总是战战兢兢，会让自己因丧失机会而取得的实际成就比你应该达到的成就大大缩水。

　　来听一段俞敏洪老师的讲话，这会令你大受脾益。

　　"我从同学们的眼光中，看到你们对未来的期待，看出对自己未来的希望，看出自己对未来的事业、成就和幸福的追求。希望同学们有这样一个信心，这个信心就像我讲座的标题所说的那样，永远不要用你的现状来判断你的未来。人一辈子有时会犯两个错误：第一个错误就是你会断定自己没什么出息，你会说我家庭出身不好，父母都是农民，或者说我上的大学不好，不如北京大学、哈佛大学，或者说我长得太难看了，以至于根本就没人看得上我，等等，由此来断定自己这辈子基本上没有什么出息。我在北大的时候，基本上就这么断定自己的，断定到最后，差点儿把自己给弄死。因为自己断定自己没出息，变得非常的郁闷，最后得了一场肺结核。第二个错误是什么呢？同学们，我们常常会判断别人失误，比如说你看到周围某个人，好像显得挺木讷的，这个人成绩也不怎么样，也没人喜欢，你就断定说，这个家伙这辈子没什么出息。所以，我们这辈子最容易犯的两个错误是：一个是觉得自己这辈子可能不会有大的作为；另一个是料定别人不会有作为。

"面向未来，通常会有两种人：一种人是自己想要有所作为，并且坚定不移地相信自己的未来会有所作为；还有一种是从心底里不相信自己会有所作为的人。同学们想一想，未来成功的会是哪一种人？一定是前面的一种人。为什么？原因很简单，因为人是这样的动物，就是心有多大，你就能走多远。如果你想走出这个礼堂，只要一分钟的时间；你想走出南广学院的校园，也只要半个小时不到的时间；你想走出南京，也就是两个小时的时间。但是，你要是想走遍世界的话，你的心必须要向世界走。我为什么今天还能站在这儿和大家讲话呢？就是因为我从小就有一种感觉，这个感觉就是越过地平线、走向远方的一种渴望，我希望自己能够不断地穿越。就像中国著名的企业家、万科集团的王石一样，他想要不断爬到世界最高峰，爬了一次，还想爬第二次。他知道，每一次征服都给自己带来一次新的高度，就是这种感觉。我知道在座的同学们没有一个会没有梦想，没有一个会没有渴望，没有一个会说我这辈子就去种地算了，没有人会这么说。人总希望自己成为伟大的艺术家，总希望自己成为伟大的事业家，或者伟大的企业家等。但是，为什么有的人做到了，有的人没有做到？就是因为做到的人，他一定从心底里相信，自己这辈子一定能做成事情。尽管我在北大的时候比较自卑，但是在这个自卑的背后，我还是相信，既然自己能从一个农民的儿子奋斗成北大的学生，我就能够从北大奋斗到更高的一个台阶，我从心底里相信自己能做到，所以我就做到了。当然，这个相信不是盲目的自信，不是狂妄，不是说别人都觉得你不是人，你自己还觉得自己挺是人的那种样子，而是一种理性的自信，在自信背后是持续不断的努力。"

你如何看待自己，一定会影响你的行为，至于你对自己优缺点的描述，都在一定程度上决定了他人对你的印象。自贬身价没有一点好处，不要自贬身价，成为自己可怕的敌人。即使是开玩笑，也不要看轻自己。任何时候都不要看轻自己，当你一旦对自己有了信心，并为心中的目标不懈奋斗时，你的人生也许就会揭开新的一页。

没有目标就没有动力

对一个人来说，可以没有成功，但却不能没有目标。

灵魂如果没有确定的目标，它就会丧失自己，因为俗语说得好：到处在等于无处在，四处为家的人无处为家。生活中没有目标的人，犹如一个没有罗盘的水手，在浩瀚的大海里随波逐流，看不到尽头，看不到希望，所剩下的，只有迷失的航向和数不尽的迷茫。

在美国纽约有一个警察，他在执行任务时被匪徒射中左眼和右膝盖骨。三个月以后，当他从医院出来时，已经完全变了模样：曾经英俊挺拔、双目炯炯有神的小伙子，成了一个又跛又瞎的残疾人。

他因此消沉了吗？不！他不顾身体现状，坚决要参与抓捕行动，他势必要把匪徒抓捕归案。为了这个目标，他几乎跑遍了整个美国，甚至为了查明一个"小道消息"，独自一人飞往欧洲。

9年后，那个匪徒终于在亚洲某个小国落网，当然，他起到了非常关键的作用。在庆功会上，他再次成为英雄，媒体将其誉为"全美国最坚强、最勇敢的人"。然而仅仅过了半年，他就在自己的家中割脉自杀了。

在遗书中，人们找到了他自杀的原因——他死于绝望："多年以来，支撑着我活下去的信念就是抓住凶手……如今，伤害我的凶手得到了应有的惩罚，我的仇恨被化解了，可生存的目标也随之消失了。面对自己的伤残，我从来没有这样绝望过……"

复仇自然不能成为我们的目标，但这应该让我们有所感悟：信念能够创造生命的奇迹，拥有它时，生命就会被激发出无穷力量；失去它时，生命就会无限荒凉。一个没有目标的人，就是大海里一艘没有方向的船，等待它的只有无边的空寂、痛苦和折磨。没有目标的生活，犹如一潭死水，毫无生气、毫无动力"这是一沟绝望的死水，清风吹不起半点涟漪。"

没有目标的人，自然不思进取，因为没有方向，有力气都不知往哪一处使。没有目标，世界是人的中心，人只是茫茫世界中的一粒沙，而有了目标，人就成为整个世界的中心，就成了自己的主人。

所以，如果不想让自己的灵魂迷失，就给自己设定一个目标，让你的生活有动力、有方向。

缺少计划的人生一定断层

只看眼前的快乐，却忽视了一生的幸福。只看现在不考虑未来，正是我们考虑问题时的坏习惯之一。这个坏习惯给我们带来的危害是巨大的，很多人因此而一生无所作为，甚至陷入窘迫的境地，因此我们一定要努力在思想上纠正这一点，别让它毁了我们的一生。

有这样一个有趣的故事：有一个美国人，一个法国人，一个犹太人，在同一天被关进了监狱，刑期都是 3 年。有一天，监狱长对他们说："你们现在每个人可以向我提一个要求，只要合法，我一定会满足。"

美国人说："我要够我 3 年抽的烟草。"

法国人说："我要一个美丽的女人。"

犹太人说："我要一部联网的电脑。"

3 年过去了。

美国人从监狱中冲了出来，满脸烟末，狂吼着要打火机。

法国人和一个女人从监狱里出来，他抱着一个孩子，那个女人领着一个孩子，女人的肚子里还怀着一个孩子，两人都一脸愁容——3 个孩子，怎么养活？

只有犹太人出来时满面春风，他握着监狱长的手说道："谢谢你了，多亏了这部电脑，3年中我的生意不但没有中断，还扩大了两倍，为了表示谢意，我送你一辆汽车。"

上面故事中的犹太人，在考虑问题时，富有预见性，最终获得了成功。而那个美国人和法国人，走一步看一步，只考虑眼前的快活，不为以后做打算，结果虚度了3年时光，并给以后的生活留下了负担。这就是不同的考量带来的不同结果，如果你考虑得不够长远，那就得承受短视带来的苦果。这就像我们买房子一样，冬天时你看到楼旁有一条可供溜冰、玩耍的小河，不要高兴地认为这所房子再理想不过，在买之前，你还应该考虑一下，这条河到了夏天是否会让你感到不舒服。

考虑问题只看眼前的另一个后果，就是会使你陷入被动。

薛乐想开一家饭店，可是手里却没有本钱。妻子的意见是薛乐最好先去别人的饭店打工，一边可以挣钱，一边学点经验，总不能全靠借贷开店啊！但薛乐却不同意："船到桥头自然直，还是借钱先把店开起来再说，还钱啊什么的以后再考虑！"就这样薛乐从朋友和亲戚手里借了八、九万，饭店就开张了。一段时间后，一个朋友家里出了事，就来找薛乐要当初借他的三万块钱。薛乐这下子可着了急，向银行贷款是不用想了，唯一的办法就是托人借"高息贷款"，妻子劝他多想想，他却说："先借来还给朋友，这三万块钱慢慢再还吧！"饭店开张两个月了，可客人却稀稀落落，挣来的钱勉强够维持日常支出。这样下去可不是办法，薛乐又有了一个新想法：允许赊账。他认为这样做一定会招徕顾客。朋友们纷纷劝他一定要慎重，因为赊欠就像一个雪球，总是越滚越大，它可能会解决眼前客人少的问题，但时间长了，它也会给经营带来困难。然而薛乐依然没有听从大家的劝告，允许赊欠后，店里的生意果然火了起来，街坊邻居都来凑热闹。可是好景不长，两个月后薛乐就支撑不住了，店里连买菜的钱都不够了。他便决定开始收账，但那些常客翻脸像翻书一样快，再也不登门了。就这样，开店四个月后，薛乐低价把饭店转让了出去。他没挣到一分钱，却欠了很多债，惹了不少麻烦，现在夫妻俩还得每天出去讨账还账呢！

薛乐的失败就是由于对问题的考虑不够长远造成的，我们看到他在解决问题时，总是只顾眼前需要，而不看后果如何。他借贷开店，不考虑日后的还款能力；为了解决顾客少的问题，竟然采取允许赊欠的方法，既不考虑可能会给资金流动带来的影响，也不考虑日后收账的困难。他这种拆了东墙补西墙的方式，虽然解决了眼前的问题，却给日后的经营埋下了隐患，最后终于导致了经营的彻底失败。

我们常把只看眼前不顾未来的做法称为短视，一个短视并没有计划的人很难正确处理生活中遇到的各种问题，而且也很难有什么成就。

在不断前进的人生旅途中，一个人如果总是想一步走一步，那么他一定会碰到很多障碍。只有抛弃短视的习惯，多做一些长远打算，才能掌握自己的人生，拥有一个不可限量的未来。

规划是人生的基本航线

因为去哪儿无所谓，所以走哪条路都无所谓，这是很多人的生活写照。因为没有规划，所以索性走一步算一步。自己不知道该怎样做，别人也帮不了他们，而且就算别人说得再好，那也是别人的观点，不能转化成他们的有效行动。

一项调查显示，每100个人中就会有98个人对现在的生活状况不满意，难道他们不想改变吗？

生活不富裕的人，他们不想让生活富足吗？职位低的人，他们不想高升吗？工作乏味的人，他们不想有一个更适合自己的工作吗？孤单的人，他们不想有一个美满的家庭吗？想，他们当然想，那么这个"想"字就代表了一种愿望，一个目标，一个蓝图。只是他们不知道通过什么样的途径实现目标，也就是不能为自己的目标做一个规划。

如果你不知道要到哪儿去，通常你哪儿也去不了。我们在畅想生活的美好前景时，心里会激动不已，可一旦涉及如何完成这个目标的行动时，又往往觉得无从下手、难上加难。很多目标就这样被一个"难"字卡住了。实际上事情的完成不可能轻而易举，目标永远高于现实，从低往高走哪有不费力的道理。关键在于规划，在于要充分挖掘自身潜力，制订一个具体可行的计划。

　　规划，就是人生的基本航线，有了航线，知道自己想要去哪里，我们就不会偏离目标，更不会迷失方向，生命之舟才能划得更远、驶得更顺。

　　日本著名企业家井上富雄年轻时曾在 IBM 公司工作。不久之后不幸的事情就发生了，由于他体质较弱再加上过分卖力，导致积劳成疾，一病不起。不过最终他凭着强大的意志与病魔对抗了 3 年之久，终于得以康复，并重新回到公司工作。

　　这个时候他已经 25 岁了，他觉得自己浪费了太多的时间，现在他需要为自己的未来制订一份计划。这样，一份未来 25 年的人生计划诞生了，这是他第一次为自己制订人生计划。此后，他每年都为自己未来的 25 年订立新的计划。比如 27 岁时，制订了到 52 岁时的人生计划；在 30 岁时，制订了 55 岁时的人生计划。

　　由于担心过分逞强会引起旧病复发，井上富雄需要一种既能悠闲工作又可快速休息的方法。最初他是这样想的：好吧，别人花 3 年时间做到的，我就花 5 年时间去做；别人花 5 年时间，我就花 10 年时间，只要有条不紊，一步步前进，总是会有成就的。

　　他一直在思索："如何才能以最少的劳力，消耗最少的精神，以最短的时间能达到目的。"换言之，他一直在规划着一种既不过分劳累又能获得成功的人生战略。他依据现实情况，不断对规划作出调整，追加新的努力目标，使自己的人生追求逐渐扩展充实起来。他为自己的人生规划做足了准备，当他还是一个办事员的时候，就已经开始具备了科长的能力；当上科长以后，他又开始学习经理应当具备的能力；做了经理以后，就进一步学习怎么去做总经理。他的升迁比别人要快得多，这一切都得益于他所制订的人生规划。

到了47岁，他干脆离开IBM，自己开始创业，之后，他取得了更加辉煌的成就。对于后辈们，他给出了这样的忠告："做什么事都要有计划，计划会促使事情的早日完成或理想的早日实现。"

人生从来就不是一个轻松的过程，假如你漫无目的、毫无规划地生活，只会让你的人生一团乱麻。生活中几乎每个人都有这样的经历：周末里清晨一觉醒来，觉得今天没有什么重要的事情需要处理，就会东游西逛，懒懒散散地度过一天。但如果我们有一个非做不可的计划，不管怎样多少都会有点成绩。

人生的紧要处只有几步

人生的道路虽然漫长，但紧要处往往只有几步，特别是当人年轻的时候。

我们在一生之中会遇到很多抉择，也会遇到很多机遇。面对抉择和机遇时，很多人惊慌失措，有时眼睁睁看着这些美好的东西从自己手里滑落。不是上苍不眷顾，也不是命运捉弄人，是自己没有把握好，没有准备好。

1999年，李彦宏在北大资源宾馆租了两间房，百度公司正式成立。不久，他顺利融到第一笔风险投资金120万美金。9个月后，风险投资商德丰杰联合 IDG 又向百度投入 1000 万美元。如此出色的成绩单，对于一家创立不久的企业来说，已经非常令人咂舌了。平平稳稳地度过创业的三年危险期，公司进入发展期，业内名气越来越大，越来越多的公司登门寻求合作。当时，百度为门户网站提供搜索服务，仅凭这一项业务，他们就可以不费力气地赚钱。

这个时候，李彦宏体内不安分的因子又开始蠢蠢欲动了。在公司董事会上，他提出一项惊人的方案——建立独立搜索网站，并提出竞价排名的经营模式。

当时正值"互联网的冬天"，多数互联网企业都选择保守经营，稳扎稳打，不轻易出招，所以他的方案一经提出便遭到了董事们的一致反对。董事们认为，要是改做独立搜索网站，门户网站这块就指不上了。你不给它们打广告，它们凭什么给你钱？竞价排名模式听上去很美好、很光鲜，可并不是在短期内就能搞起来的，弄不好，赔了夫人又折兵。所以与其逆流而上，不如坐收渔利。

那次会议，从下午两点一直开到深夜，争执声从未间断。李彦宏就像一头愤怒的雄狮，不断用事实和数据驳斥反对者的言论，然而他们始终无动于衷。在董事会上无法得到支持，李彦宏又转向几位大股东寻求帮助，但同样没有得到认可。这时的李彦宏完全没有了平时儒雅的风范，他大声质问着、吼叫着，他的执着与激情终于打动了一个股东，答应把资金投给他。他也破釜沉舟，把所有家当都压了上去，完全是"不成功便成仁"的架势。

结果我们知道，他成功了，他的百度公司于 2005 年 8 月在美国纳斯达克成功上市，成为全球资本市场最受关注的上市公司之一，李彦宏本人也跻身福布斯富豪榜前一百强。

人生的紧要处往往只有几步，只要看清了方向，认准自己是对的，大可以义无反顾地走下去。这个时候，别管别人说些什么，总有一天，事实会让他们改变看法。

人的选择决定了生活。今天的生活是由我们之前的选择决定的，而今天我们的抉择将决定我们以后的生活。所以，不必彷徨，更不必犹豫不决，天赋、才华、金钱、资本都不是影响一个人的先天之本，关键在于自己选择什么样的道路，人生的道路很漫长，关键就看自己如何把握。

对自己的灵魂高看一眼

一个有人生追求的人，可以把"梦"做得高些。虽然开始时是梦想，但只要不停地去努力，不轻易放弃，梦想就能成真。就算我们不能登上顶峰，但可以爬上半山腰，这总比待在平地上要好得多。

本内特出生在加拿大安大略省的一个小镇。他一共有八个兄弟姐妹，家境贫寒，所以15岁起就到采石场干活了。但本内特并不甘心自己的一生就困在采石场中，他常常会利用一些闲暇时间听老人们讲述小镇的历史。从那些交谈中，他了解到了外面的世界与小镇的差距，他决定要到外面闯一闯。18岁那年，他辗转来到多伦多，又从那里到了美国。

　　刚到美国的生活非常困苦，有多少次他都想回到家乡，感受家乡的温暖，但每每此时，有一个声音就会在心中响起："你是要改变命运的！"

　　在不懈的努力下，20岁时，本内特获得了石匠资质认证，不久，政府决定在林肯纪念堂雕刻林肯的"葛底斯堡讲演词"，本内特凭借出色的技艺成功入选。在雕刻林肯讲演词的时候，本内特被林肯的人生经历彻底打动了。他想：林肯早期的命运几乎和自己一样，但他坚信自己会是个出色的人，在一次次的失败之后又一次次地站了起来，最后竟然成了最伟大的总统。那么，如果自己决心改变命运，也一定是能够做得到。

　　从那一刻起，他心中的信念更坚定了：本内特一定能够成为更有用的人！他决定要当律师。本内特过去只在小镇上过几年学，但他想到华盛顿大学国家法律中心学习，这个事情的难度不言而喻，何况他每天还要同时进行大量的工作。但是，困难并没有削弱本内特改变命运的意志，他一下班就去夜校进修法律，他的工作包里除了凿子、锤子还时刻都装着课本，他在吃饭的时候都不忘记学习……

　　苦心人，天不负。本内特终于考入了华盛顿大学国家法律中心，他在几年的时间里先后获得了法学学士和法学硕士学位。他先是在华盛顿担任律师，工作非常出色，得到了人们的认可，也为自己赚下了第一桶金。后来，他前往纽约开办了一家法律事务所，逐步进入了美国的上流社会。

　　一个人最终的成就不决定于他的出身，也不受外界环境所主宰，关键是他的想法如何。

　　远大的理想信念是人生的精神支柱，它使人产生积极进取、奋发向上的力量和顽强拼搏的决心。一个人如果胸无大志，仅仅追求物质的满足，那么，他的人生将是不健全、不幸福的。因为幸福生活是物质生活和精神生活的统一。没有精神的愉悦，即使物质生活再充裕，也是痛苦的。

所以如果你是一只小草，那么起码要梦想着自己能点缀绿茵场；如果你是一粒种子，一定要让自己朝着大树生长，如果你是一只蝴蝶，也不妨试试飞向天际。如果现阶段你的所有目标都实现了，那说明你的梦想还不够远大。

别让灵魂迷失在幻想里

天上的星星固然美丽，但如果我们想要把它摘下来，这显然是不现实的。制订成功的目标，不能凭空想象，也不能好大喜功，不要把某种不切实际的欲望当成要付诸行动的目标。否则，你只会徒劳无功。

看过一篇报道：一个15岁的少年为了实现自己当歌星的"梦"，以割腕自杀为要挟，逼迫父母拿钱出来送他去北京学音乐，继而离家出走，最后流落到收容站，彻底中断了学业。

有位邻居，四十几岁的模样，每天日出而歌，日落而息。与那个少年一样，多年以来他的心里始终藏着一个美丽的音乐梦，不同的是，这一路走来，他将自己的梦想融入到了平凡的生活中，在他洗漱完毕高歌那首《我的太阳》时，在他心里自己俨然就是帕瓦罗蒂。而那位少年，却已被自己的"梦想"所残害。

二人身上还有一处很大的不同：中年男人的音乐梦只是为歌而歌；而

少年，恐怕他的梦想并不在于艺术，而是明星身上那令人炫目的光环、粉丝那山呼海啸的呐喊，以及随之而来的无边名利。

所幸，少年还只是少年，还有机会从黄粱梦中醒来，而又有多少人迷失已久，待迷途知返时，才知道，积重已然难返。

诚然，人往高处走，水往低处流。每个人都希望自己能迅速达到成功的最高峰，这是人之常情，无可厚非。可是理想再高远，如果不是踏踏实实、一步一个脚印地往前迈，那也不过是海市蜃楼，只能空想罢了。

从哲学的角度上说，梦想未必需要伟大，更与名利无关，它应该是心灵寄托出的一种美好，人们从中能够得到的，不只是形式上的愉悦，更是灵魂上的满足。

还记得多年前央视曾报道过一个陕北女人的故事。那个 30 岁的女人很小就梦想着能够走出大山，像电视中那些职业女子一样去生活。可彼时的她，有疾病缠身的老公要照顾，有咿呀学语的孩子要抚养，这个家需要她来支撑。走出大山的梦，对于一个文化程度不高、家庭负担沉重的山里女人来说，不仅遥不可及，而且也不现实。

十年之后的这个女人，满脸都是骄傲和满足。其实，她并没有走出大山，而是在离村子几十公里的县城做了一名销售员。成为都市白领的梦想，恐怕这一生都无法实现了，但取而代之的却是更贴近生活、更具现实感的圆梦的风景——她终于看到了山外的风景，也终于有了自强自立的平台。

很多时候，我们无法改变所处的客观环境，但可以改变自己，可以变通自己的思维方式和价值观念。只有敢于改变自己，不断接受新的挑战，才能从一个成功走向另一个成功，从一个辉煌走向另一个辉煌。有时候，一个人纵然有浩然气魄，如果脱离了生活的实际，那么他的梦想也不过就是美梦一场。

梦想就像那高高飞起的风筝，你可以把它放得很高，但不要让它脱离你的掌控，有时还要尽可能地拉回奢望的线，让梦想接点地气，具有踏踏实实的烟火感。这样的人生才更具有生气和活力，这样的梦想才能得到实现的机遇。

最适合的，才是最好的

一个人，有所擅长也必然会有所缺失，没有谁能够十全十美、无所不能。最要紧的是你要有勇气去审视自己的优缺点，对缺点不要百般遮掩，那对你本人没有任何好处。你要么改正它，要么用长处去弥补它。当然更重要的是，你要知道自己的优点是什么。

"马杜罗，你跟我出来一下。"

自习课上，当同学们聚精会神地写作业时，马杜罗却趴在课桌上打瞌睡。他跟在迈克老师后面，无精打采地走出了教室。

"你相信石头会开花吗？"老师的手掌里，躺着一枚光滑的鹅卵石。马杜罗不肯开口说话，只摇了摇头。两年前，因为一次偶然的患病，他落下了口吃的毛病；因为担心被别人嘲笑，他变得自卑，很少说话，学习成绩也一落千丈。

老师让马杜罗坐下来，拿出一把小巧的工具刀，埋头开始雕刻。很快，石头的上面，一朵小花栩栩如生。"你看，石头其实是可以开花的，只不过需要你转变一下思路而已。"老师又说："我知道你一直喜欢看书，好故事应该与大家一起分享。周末的班会上，我希望能听到你的声音……"

马杜罗告别老师时，心情很复杂。回到家里，他开始认真练习，对着镜子纠正自己的发音，一遍，两遍……周末那天，因为口吃总是躲在角落里的马杜罗，居然主动站到讲台上。虽然他紧张得大汗淋漓，说话也不是特别流畅，但大家却送给了他最热烈的掌声。

多年以后，大学毕业的马杜罗，早已改掉了口吃的毛病，成长为俊朗的小伙子。酷爱看书的他，梦想成为一名职业作家，整天躲在租来的房子里写文章。不料，所有投出去的稿子，或者毫无音讯，或者收到退信，从来没有一篇能够发表。

那天，马杜罗发现口袋里的钱只够再勉强维持几天的生活了。他怀着沮丧的心情，独自在街头漫步，竟然在街头邂逅了多年不见的迈克老师。与当年不同的是，老师早已经离开课堂，成了一位著名的雕刻家。

当他一口气说出心中的烦恼时，老师微笑着说："你知道我手里那块石头为什么能开花吗？首先，因为我酷爱雕刻，每天所有的业余时间，都用来学习这方面的知识。另外，不管做什么事情，仅有喜欢还不够，更重要的是要适合。就像我，每次将雕刻刀握在手中时，灵感总是如约而至……"

马杜罗倒吸了一口凉气，他想起自己每次写字时的艰难，那种搜肠刮肚的痛苦，忽然就明白了，自己虽然喜欢文字，却只适合当一名读者，而不是一位作家。

不久，马杜罗就按照街头的广告，跑去一家广告公司应聘。一年后，他又成为一名公交车司机。为人谦虚、热情大方的他，受到同事们的尊敬，被选为行业工会领袖。于是，在工作之余，他又多了一项任务，那就是为争取普通工人的权益而奔波。从此，他慢慢步入了政坛，开始了不一样的人生旅程。

2012 年 10 月 10 日，尼古拉斯·马杜罗被任命为副总统！这个消息，像长了翅膀一样，迅速传遍了委内瑞拉的每个角落。几乎所有熟悉马杜罗的人，都不敢相信自己的耳朵：他真的是当年那个口吃的马杜罗吗？会不会搞错？

记者们蜂拥而至，面对他们连珠炮般的提问，马杜罗从容地反问："你们相信石头会开花吗？我信。"说着，他微笑着伸出手来，掌心里躺着的，正是迈克老师当年赠送的那块鹅卵石，隔了这么长的光阴，刻在上面的花朵，依然那么栩栩如生。

我们生命中的很多东西都是与生俱来，甚至是不可逆转的，就像我们的双脚，脚的大小是无法选择的，那我们就应该选取一双适合自己的鞋。换而言之，我们应该努力去寻找适合自己做的事情，而不是把时间和精力用在不属于自己的地方。

没有谁的梦想会卑微

很多时候，我们在生活中扮演的都是一个卑微的角色，但是卑微的人依然可以有梦想，梦想从来都不卑微。

小公园内，几个年轻小伙子跟着音乐在跳街舞。如果你不认真留意，会觉得他们就是街边卖艺讨生活的。因为见得比较多，所以行人大多没有停留。

其实，他们只是街舞爱好者，正在开始组合练习。他们不是什么名人，身份是车间流水线上的蓝领一族。这是一群生活在社会底层的人，每天周而复始地过着几乎同样的生活，每天的工作来来回回也就是那么几个动作。

工作忙的时候，他们需要通宵达旦地加班，甚至有时生病了，也不愿意请假。那种日子，是很容易让人颓废的，那样的生活，有时真让人感觉很无趣。然而，因为诸多原因，很多人都在重复着这样的生活，并不是每个人都有能力可以从这里脱离。但是，生活其实是可以靠自己改变的。

就像这群年轻的小伙子，他们没有观众，但也没有对生活的抱怨，他们在用音乐和自己的舞蹈去充实枯燥的生活。他们跳舞的地方离马路不远，来往的行人不少，但欣赏他们的人却很少，有时甚至还有几个不着调的人喝倒彩。但他们并不在意这些，因为他们有梦，一切都不能阻碍他们向梦想前进的勇气。他们的精神，相对于现在的社会，是十分可贵的。不是炒作，也不用任何人来宣传，他们用自己的热情给这个小镇带来了欢笑和喜悦。他们身上散发出来的动力，是任何物质也无法取代的可贵。他们无须包装，不需要向任何人公布自己的出身，用平凡去挑战更高的平凡。这就是人生，是最值得叹服的人生。

有句话说：有梦想的人最大。他们的表演虽然看起来是廉价的，但是那梦想却是无价的。对于没有显赫家庭背景的人，努力是唯一的砝码，奋斗是唯一的鼓励，然而他们始终如一地坚持往前走。不用惧怕前路的渺茫，也不用担忧明天的烦恼，只要自己存在，就用自己的快乐去营造美好的人生。所以，没有谁的梦想是卑微的，也没有谁的生命是低贱的，不管是富豪还是工人，不管是蓝领还是白领，只要拥有一颗积极乐观的心，不管在哪里都依然是颗闪亮的明星。

人生路上要懂得变通

如果有些东西通过努力拼搏也没有得到，就没有强求的必要；如果有些事情用尽全力也不能圆满，放弃也不会是遗憾。坚持固然重要，但面对没有结果的事情，我们不必抱残守缺。放弃眼前的残局，也许就会出现一条新的道路，而这条新路很可能就通向成功的大门。

反之，如果方向错了的话，越是努力，距离真正的目标越远。这是考验我们内心的时候。壮士断腕、改弦易张，从来都是内心勇敢者才能做出的壮举。懂得坚持和努力需要明智，懂得适当放弃则不仅需要智慧，更需要勇气。若是害怕放弃的痛苦，抱残守缺，心存侥幸，必将遭受更大的损失。

　　严菲菲今年30岁，专科毕业后，在一家建筑设计院工作。当初毕业前她来这家设计院实习时，由于勤奋踏实，表现突出，所以尽管设计院当时已经超编，但是院长还是顶着压力聘用了她。由于当时编制所限，只能安排她做资料员，但是院领导多次找她谈话，暗示她这只是暂时的，希望她不要有压力，要多钻研业务。院里缺的是设计精英，根本不缺资料员，只要她能表现出自己的实力，一有机会就马上将她调出资料室。可是严菲菲却不这么看，她觉得自己之所以受到"冷遇"，所谓的编制问题只不过是一个借口而已，其实是别人觉得她文凭太低。于是从一开始当资料员那天起，她就厌烦这个工作了，因为这离她的理想太远，她想做设计工程师，可是她设计的几个工程，无一例外地都被否定了。她很虚荣，总想在设计院出人头地，看走业务这条路不行，她就想在学历上高人一头，于是一心想考研究生，甚至还规划好了研究生读完再读博士。

　　可是现实与理想之间毕竟是有着很大差距的，由于边工作边学习，严菲菲连续考了三年都没有考上研究生。于是院领导就找她谈话，想鼓励她多钻研点业务，拿出过硬的设计方案来，争取将来能转为设计师。实际上，设计院当时已经有了一个专业设计人员名额，院领导对她真可谓是用心良苦了。但是她权衡来权衡去，觉得还是应该先把硕士学位拿下来再搞业务比较好。她觉得，反正自己已经是设计院的人了，搞专业什么时候都可以，就算再来新人也得在她后面吧，否则自己的专科文凭将使自己在设计院永远抬不起头来。

但是她错了，设计院本来就是一个萝卜一个坑，每个人都要能踢能打，长期放着这么个不出彩的人，不但同事怨声载道，领导也开始着急了。就在这时，来了一个实习生，设计出来的方案很有新意，院领导犹豫再三，最后还是把这个实习生要来了。按理说，如果严菲菲此时及时醒悟还是来得及的，但是这时候，她正专心致志地沉浸在她的那些英文单词里，她甚至和同事说，她学英语好像开窍了。那时她的确非常刻苦，走到哪里，都戴着耳机，还经常把自己锁在资料室里，谁敲门也不开，别人找材料，只能打电话给她。

终于有一天，院长非常客气地找她谈话，委婉地表示：设计院虽然有很多人，但每个人在各自领域中都必须具有自己的贡献值和不可替代性。可是她却一点也没有，没有哪家公司能长久容忍一个出工不出力的人，所以她从现在起待岗了。

在那种竞争激烈的环境下，严菲菲为自己不切实际的"志"付出了巨大代价，她曾是那样地喜欢设计院，喜欢这个职业，院长也给了她这个机会。但不幸的是，她没有把它把握好。她的失误就在于她没有及时放弃自己的"理想"，而是固执地"一条道走到黑"。

不合实际的固执带给人的只能是失败，而不是成功的幸福。为了事业的成功，或者人生的成功，勇往直前，这本来是件好事，然而一旦走错了路，又不听别人的劝告，不肯悔改，结果就会与自己的奋斗目标相距越来越远。

不是所有放弃都是失去

如果你追求的目标有成功的希望，不要轻易放弃，但如果成功确实无望，就要调整自己的思路。目标是死的，人是活的。一个目标无望了，还可以确定另一个目标。假如你真的放下了，你会发现，原来转弯处就是幸福。

马克·维克多·汉森经营的建筑业彻底失败了，他因此破产，最后完全退出了建筑业。

很多人喜欢听到的是马克如何令人惊讶地重返建筑业，一步一步爬上成功顶峰的令人欢欣鼓舞的故事。如果马克是用一生的精力这样做，这又将是一个关于恒心和毅力的传奇故事。这类故事很多，只不过马克却不是这类故事的主人公。

他彻底地退出了建筑业，忘记了有关这一行的一切知识和经历，他决定去一个截然不同的领域创业。他很快就发现自己对公众演说有独到的领悟和热情。他很快又发现这是个最容易赚钱的职业。一段时间之后，他真的成为了一个具有感召力的一流演讲师。终于有一天，他的著作《心灵鸡汤》和《心灵鸡汤第二辑》双双登上《纽约时报》畅销书排行榜，并停留数月之久。马克成为了富翁，他看到了更大一片天空，只是因为换了一个看天的角度。

连·史卡德家的墙上有一个相框，里边有十几张名片，每张名片都代表了他从事过的一项工作。有的工作是由于自己做不好而放弃了，有的工作虽然自己完成得很好但不喜欢所以放弃了。对这十几项工作，他没有一项能坚持到底。然而，他的执着精神是以不断地寻找最适合自己的工作而表现出来的，最终他找到了一个适合自己的职业，一直做了十多年，最后成为了百万富翁。他建立了一个跨国公司，在全世界有几千家分销商。

世上万事万物都处于矛盾运动之中，有成功就有失败，有收获就有放弃。该放弃时就应该毅然放弃，这不失为一种明智的选择。

其实，有些东西抱得太紧，就会成为易碎品；有些东西抱得太久，反而会成为一种负担，甚至成为一种伤害。倒不如咬紧牙根儿，潇洒地放下。

不要总在光明处寻找出路

美国康奈尔大学的威克教授做了一个有趣的实验：把6只蜜蜂和6只苍蝇装进同一个玻璃瓶中，然后将瓶子平放，让瓶底朝着明亮的窗户。接下来会发生什么情况呢？蜜蜂和苍蝇能够逃出瓶子吗？

由于蜜蜂习惯向着光亮的方向飞行，因此它们不停地想在瓶底上找到出口，一直到它们力竭倒下或饿死；而苍蝇则会在很短的时间里，穿过另一端的瓶口逃逸一空。事实上，正是由于蜜蜂对光明的情有独钟才导致它们的死亡。而那些苍蝇则不管亮光还是黑暗，只顾四下乱飞，反而误打误撞找到了出口，获得了新生。

其实，人们的认知也常常跟蜜蜂犯一样的错误，总是认为出口的地方一定是光明的。然而就像蜜蜂面对玻璃这种超自然的神秘之物一样，这种出口在明处的定律有时候反而是错误的。在我们追寻成功的路上，我们也不免要在黑暗中摸索，这时候，我们不要一味去光明处寻找出口，也要留意一下角落。

前谷歌中国区总裁李开复在攻读博士学位时，他的导师是语音识别系统领域里的专家罗杰·瑞迪。当时，人们普遍认为"人工智能"才是未来的方向，而导师正是这方面的专家，李开复跟他学习，有着很光明的前途。

但是，李开复却觉得用人工智能的办法研究语音识别没有前途。因为人工智能的办法就像让一个婴儿学习，但在计算机领域来说，"婴儿能够长大成人，机器却不能成长"。

于是，李开复没有跟着导师走，而是告诉罗杰·瑞迪，他对"人工智能"失去了信心，要使用统计的方法。导师是个很好的人，他说："我不同意你的看法，但我支持你的方法。"

于是，李开复开始了自己的摸索。他那时候每天工作大约17个小时，一直持续了大约三年半。通过努力，李开复把语音系统的识别率从原来的40%一下子提高到了80%。罗杰·瑞迪惊喜万分，他把这个结果带到国际会议上，一下子引起了全世界语音研究界的轰动。

后来，李开复又将语音识别系统的识别率从80%提高到了96%！直至李开复毕业以后多年，这个系统一直蝉联全美语音识别系统评比冠军。在人们都认为"人工智能"才是光明的出口的时候，李开复却留意着那个人迹罕至的角落，用统计学的方法找到了更美好的未来。

很多事情就是这样，在成功之前，谁也不知道哪一条路走得通，哪一条路走不通，谁也不知道哪个方向是通向出口的捷径。所以说，光明的地方，未必就一定通向成功，角落里的路，也未必不是一条捷径。

年轻时的弯路，并不可怕

在人生的路上，有一条路可能大多数人都要经历，那就是弯路。不摔跟头，不碰壁，不碰个头破血流，怎能练出钢筋铁骨，怎能成熟长大呢？走弯路不可怕，怕的是找不到正确的方向，找不到正确的出口，走进了死路。

正如张爱玲在《非走不可的弯路》中所言："有一条路每个人非走不可，那是年轻时候的弯路。"是的，弯路并不可怕。人的成长，必须要经过"走弯路"这一经历，哪怕我们在这条路上"碰壁""摔跟头""头破血流"，都不要怕，经过了走弯路的教训，我们会回到正途，或者找到正确的出口，只要不走死路，我们仍然能达到旅途的目标。

有一个一无文化，二无特长的二十来岁的年轻人只身来到美国城市：芝加哥。找不到其他工作，他只好帮商店卖起了肥皂。在工作中，他发现发酵粉的利润很高，就立即投入所有的本钱购进了一批发酵粉。结果他很快发现自己犯了一个错误：当地做发酵粉生意的人远比卖肥皂的多，自己根本不是那些财大气粗的竞争者的对手。

眼看着发酵粉堆在仓库里无法出手，年轻人心急如焚。结果，他决定将错就错，一咬牙，索性将身边仅有的两大箱口香糖贡献出来做了赠品，推销发酵粉。他宣布，凡购买发酵粉的客户，每买一包，就可获赠两包口香糖。就是用这种买一送二的办法，他把手中的发酵粉处理掉了。

受这次事件的启发，年轻人决定经营口香糖生意。这虽然是个薄利行业，但因为数目庞大，发展前景要比发酵粉好。敢想敢干的他积极听取顾客们对口香糖的包装和口味的意见，然后拿出所有的家当，把宝押在了口香糖上，自己办起了口香糖厂。

1883年，他的"箭牌"口香糖问世了。但在当时，市场上口香糖已有不少品种，他的产品并没有引起太大的反响。为了迅速提高产品的知名度，他想出了一个极为冒险的招数：搜集全美各地的电话簿，然后按照上面的地址，给每人寄去4块口香糖和一份意见表。要知道，这样做等于是孤注一掷了，因为这几乎耗光了年轻人的全部家当，一旦效果不佳，年轻人就要破产了。

但是，年轻人这次终于找到了正确的方向。没想到几乎在一夜之间，"箭牌"口香糖就风靡全国了。到了1920年，"箭牌"已达到年销售量90亿块，成为当时世界上最大的营销单一产品的公司。这位惯于"错中求胜"的年轻人就是"箭牌"口香糖的创始人威廉·瑞格理。

"箭牌"还走过好几次弯路，甚至面临过严峻的危机，但是最终，它走出了一条生路，而不是死路。到今天，"箭牌融入生活每一天"的广告词已经家喻户晓，"箭牌"口香糖也已成为年销售额逾50亿美元的跨国集团公司。有一句名言说："一个人易犯的大错，就是不敢犯错。"说起"箭牌"成功的奥秘，第三代传人小瑞格理一语道破了天机，那就是"敢于犯错"。在走弯路的过程中，同样可以发现难得的机遇，而只有经历过错误的尝试，才能清晰地找准成功的方向，才能更加珍惜得来不易的成果。

　　那些爱护后辈的"过来人"，为了让后辈少犯错误，少走弯路，总免不了要千叮咛万嘱咐。然而，有些事情，不经历的时候不懂得，总要等经历了才知道其中的滋味。这是大自然的成长规律，只有亲自走过，才知道这征途是怎么样的。

　　走弯路并不可怕，甚至从某种程度上来说还是必要的。因为没有经历过，我们总是相信前面的路会精彩纷呈，会充满惊喜与期待，会对别人的劝告置之不理，到底是弯路还是坦途，不走走就放弃又如何甘心呢？

　　当然，如果我们在弯路上碰得头破血流，确定这不是暂时的挫折，而是一条走不通的死胡同时，就没必要钻牛角尖了。这个时候，我们就要及时调整方向，不要犯南辕北辙的错误。正因为曾经的弯路，我们才逐渐走向了成熟，走向了正确的道路，这就是弯路的价值。

命运在左，
掌控在右

所谓人生，是一刻也不停地变化着的：既有肉体生命的衰弱，又有灵魂生命的强大、扩大。灵魂的力量比任何命运都强大……凭着自己灵魂的力量，既能造福于生活，也能给生活带来不幸。

灵魂是命运的裁决者

你的大脑是一盆清水，你可以选择在里面滴一些黑色或红色的墨汁，黑色代表着穷人的思维，红色代表着富人的思维，你选择滴入什么颜色，大脑这盆水就会变成什么颜色。

不同的观念导致不同的人生。如果你能在意识中始终把自己想成是一个成功的人，这种想法会使你在思考任何一个问题、做任何一件事时都能与众不同。因为你将自己想成富人，你就会不自觉地认为自己与别人不一样，你觉得自己就应该多学、多看、多干，以便迅速提升自己各方面的才能。如果你把自己想成富人，在潜意识的作用下，你的思维方式也会立即转换成成功的人的生活模式。

无论目前所处的环境怎样，哪怕身无分文，只要心中希望成为成功者，便会有希望成为成功的者。只要信念坚定且肯努力，成功就不是难事。

美国人约翰·富勒生于一个贫穷之家，他有7个兄弟姐妹。5岁时便开始工作，9岁时会赶骡子。他有一位了不起的母亲，她经常和儿子谈到自己的梦想："我们不应该这么穷，不要说贫穷是上帝的旨意，我们很穷，但不能怨天尤人，那是因为你爸爸从未有过改变贫穷的欲望，家中每一个人都胸无大志。"

这些话深深影响了富勒，他一直梦想成为富人，并开始努力追求财富。12 年后，富勒接手一家被拍卖的公司，并且还陆续收购了 7 家公司。他在谈及自己成功的秘诀时，还是沿用了多年前母亲的那句话："我们很穷，但不能怨天尤人，那是因为爸爸从未有过改变贫穷的欲望，家中每一个人都胸无大志。"富勒在多次受邀演讲中说道："虽然我不能成为富人的后代，但我可以成为富人的祖先。"

当下，流传着一句话"当不成富二代，就当富二代他爹"，这与富勒的话表达的是同一种心态。但为什么很多人的愿望像泡沫一样破灭了呢？因为有太多的人只是说说而已，而在思想上，他们并没有把自己提升到富人的高度。想要成为富人，不仅要有强烈的愿望来填充心灵的空洞，更要有火一样的激情将自己投入到热望的事业中去。

人的命并不是天注定，所有人的命运都是由自己来掌握，而不是上帝或者其他。如果说你有成为富人的想法，却总是徒劳无功，那么首先就应该给自己做个透析，看看是哪里出了差错。

游戏人生必被人生游戏

谁要是游戏人生，他就注定一事无成；谁不能主宰自己，他就永远是一个奴隶。

游戏人生，只会令自己变得轻率、没有坚持，最终自己所做的一切都会化为泡影，自己也就一无所获。不能主宰自己，那就会沦为欲望的奴隶，最终只会在频繁的追逐中迷失自我，沉沦堕落！

游戏人生，必然被人生游戏。不能主宰自己，必然被别人主宰。

马儿听说唐僧要去西天取经，立刻追随而去，经过九九八十一难，取回真经。回来后，马的好朋友驴问他："你走了那么远的路，是不是很辛苦啊？"马回答："其实，在我去西天的这段时间，你走的路一点都不比我少！而且还被蒙住眼睛，被人抽打。其实，我是怕混日子更累！"

想法决定活法，毛驴对自己的一生没有想法，所以它只能围着磨盘转，被人蒙着眼睛，一辈子都在转圈圈，可是它的付出却一点也不少。

人生的困顿，来自于内心的无知与迷茫。很多人选择混日子，结果自己被日子混了。时间都是一样的过，不同的态度，结果也会完全不同。

陈放大学毕业以后进入了一家国企做文职工作。最初的那段时间，他拼劲十足，任劳任怨，不论是写发言稿、做总结、上报材料，还是跑腿打杂，甚至是给领导安排饭店、随行出差，他都做得尽心尽力。

陈放自己都记不清有多少次，为了赶发言稿或者报告，大家都下班了，他还在办公室加班加点，困了就只在办公室的沙发上眯一会儿。这样热情饱满地工作了一年之后，陈放开始懈怠了，原因是他的努力并没有为自己博来一官半职。从此以后，陈放每天机械地上班下班，没有梦想，也没有追求，彻彻底底的开始混起了日子。在他看来，反正无论自己多么努力，领导都不以为是，那么，累死累活也是活，混一天也是活，工资又不会少，何苦让自己那么辛苦呢？

　　的确，陈放的工作变得越来越轻松了。然而仅仅又过了一年，公司精简机制，没有任何背景又整天混日子的陈放第一个被请走了。

　　一个玩世不恭的人，只知享乐，打发无聊的日子，让大好的时光都白白地流逝了。他没有创造，就没有真正的享受，有的只是挑剔的生活，对他来说没有一样能真正给他带来快乐的东西，因为他只是每天机械的工作，根本就没有用心，也没有创造价值。

　　一个不能主宰自己的人，不会有感恩的心，而是爱挑剔。因为他一直活在别人的影子里，就算是别人的给予，也不会给他带来真正的快乐。所以他的生活格外的无聊、自私、狭隘，觉得天对不起他，地对不起他，大家都对不起他，什么对他来说都是那么不完美。

　　因为自己的懒惰和软弱而失去很多，同样也是因为虚度人生，最终会带着不满足离开这个世界。

自己的床才睡得舒坦

　　无所事事地度过了今天，就等于放弃了明天；懒汉永远不可能获得成功，没有机遇只是失败者不能成功的借口。

　　当你眼巴巴地看着别人的幸福羡慕嫉妒时；当你因为没有财富而落魄痛苦时，你一定也曾在心里为自己描绘过一些美丽的画面，可是为什么没能去实现呢？也许就是那么一会儿工夫，你觉得前面的路实在难走，你害怕了，你的心劲散了，你又走回了老路。

其实人生说易不易、说难不难，这世界比你想象中的更加宽阔。你的人生不会没有出口，走出蚁居的小窝，你会发现自己有一双翅膀，不必经过任何人的同意就能飞。

多年前，英国一座偏远的小镇上住着一位远近闻名的富商，富商有个19岁的儿子叫希尔。

一天晚餐后，希尔欣赏着深秋美妙的月色。突然，他看见窗外的街灯下站着一个和他年龄相仿的青年，那青年身着一件破旧的外套，清瘦的身材显得很弱小。

他走下楼去，问那青年为何长时间地站在这里。

青年满怀忧郁地对希尔说："我有一个梦想，就是自己能拥有一座宁静的公寓，晚饭后能站在窗前欣赏美妙的月色。可是这些对我来说简直太遥远了。"

希尔说："那么请你告诉我，离你最近的梦想是什么？"

"我现在的梦想，就是能够躺在一张宽敞的床上舒服地睡上一觉。"

希尔拍了拍他的肩膀说："朋友，今天晚上我可以让你梦想成真。"

于是，希尔领着他走进了富丽堂皇的别墅，然后将他带到自己的房间，指着那张豪华的软床说："这是我的卧室，睡在这儿，保证像天堂一样舒适。"

第二天清晨，希尔早早就起床了。他轻轻推开自己卧室的门，却发现床上的一切都整整齐齐，分明像没有人睡过。希尔疑惑地走到花园里。他发现，那个青年人正躺在花园的一条长椅上甜甜地睡着。

希尔叫醒了他，不解地问："你为什么睡在这里？"

青年笑了笑说："你给我这些已经足够了，谢谢……"说完，青年头也不回地走了。

20年后的一天，希尔突然收到一封精美的请柬，一位自称"20年前的朋友"的男士邀请他参加一个湖边度假村的落成庆典。

在那里，他不仅领略了眼前典雅的建筑，也见到了众多社会名流。接着，他看到了即兴发言的庄园主。

"今天，我首先感谢的就是在我成功的路上，第一个帮助我的人。他就是我20年前的朋友——希尔……"说着，他在众多人的掌声中，径直走到希尔面前，并紧紧地拥抱了他。

此时，希尔才恍然大悟。眼前这位名声显赫的大亨欧文，原来就是20年前那位贫困的青年。

酒会上，那位名叫欧文的"青年"对希尔说："当你把我带进卧室的时候，我真不敢相信梦想就在眼前。那一瞬间，我突然明白，那张床不属于我，这样得来的梦想是短暂的。我应该远离它，我要把自己的梦想交给自己，去寻找真正属于我的那张床！现在我终于找到了。由此可见，人格与尊严是自己干出来的，空想只会通向平庸，而绝不是成功。"

理想不是想象，成功最害怕空想。很多人想法颇多，但大多只是空想，他们年复一年地勾画着自己的梦想，但直至老去，依然一事无成，这是很可怕的。所以说，若想做成一件事，就要努力拼搏。在实践中充实自己、展现自己的才能，将该做的事情做好，证明自身的价值，如此你才能得到别人的认可。

所以，不要停下追逐梦想的脚步，有了蓝天的呼唤，就别让奋飞的翅膀在安逸中退化；有了大海的呼唤，就别让拼搏的勇气在风浪前却步；有了远方的呼唤，就别让远行的信念在苦闷中消沉。而一旦你停下了，再大的梦想也不可能实现。去寻找吧，寻找人生的意义，只要你肯相信，肯追寻，就会有奇迹！

敢想敢做，再谈前途

梦想和现实总会有距离，所以事实上你的"梦想"可以不必过于"真实"。哪怕有人认为你的想法只是"痴人说梦"，你也大可不必放在心上，毕竟超越了现实的梦想才值得我们用心去追逐，也才能够真正地发挥出我们的潜能。

人都会有这样的体会：当你确定只走1公里路的时候，在完成0.8公里时，便会有可能感觉到累而松懈自己，以为反正快到了；但如果你要走10公里路程，你便会做好思想准备，调动各方面的潜在力量，这样走七、八公里，才可能会稍微放松一点。梦想与现实的关系也同样如此：你的梦想越远大，你为之而付出的努力就会越多，即便达不到自己理想的状态，你也能够取得非凡的成就。

一个具有远大梦想的人，毫无疑问会比一个根本没有目标的人更有作为。西方有句谚语说："扯住金制长袍的人，或许可以得到一只金袖子。"那些志存高远的人，所取得的成就必定远远高过起点。即使你的目标没有完全实现，你为之付出的努力本身也会让你受益终生。

几年以前的一个炎热的日子，一群人正在铁路的路基上工作，这时，一列缓缓开来的火车打断了他们的工作：火车停了下来，最后一节车厢的窗户（这节车厢是特制的并且带有空调）被人打开了，一个低沉的、友好的声音响了起来："大卫，是你吗？"大卫·安德森——这群人的负责人回答说："是我，吉姆，见到你真高兴。"于是，大卫·安德森和吉姆·墨菲——铁路公司的总裁，进行了愉快的交谈。在长达1个多小时的愉快交谈之后，两人热情地握手道别。

大卫·安德森的下属同事们立刻围住了他，他们对于他是墨菲铁路公司总裁的朋友这一点感到非常震惊！大卫解释说，20多年以前，他和吉姆·墨菲是在同一天开始为这条铁路工作的。

其中一个人半认真半开玩笑地问大卫，为什么他现在仍在骄阳下工作，而吉姆·墨菲却成了总裁。大卫非常惆怅地说："23年前我为1小时1.75美元的薪水而工作，而吉姆·墨菲却是为这条铁路而工作。"

美国潜能成功学大师安东尼·罗宾说："如果你是个业务员，赚1万美元容易，还是赚10万美元容易？告诉你，是10万美元！为什么呢？如果你的目标是赚1万美元，那么你的愿望不过是能糊口罢了。如果这就是你的目标与你工作的原因，请问你工作时会兴奋有劲吗？你会热情洋溢吗？"

卓越的人生是梦想的产物。可以说，梦想越高，人生就越丰富，达成的成就才越卓绝。相反，梦想越低，人生的可塑性越差。也就是人们常说的："期望值越高，达成期望的可能性越大。"

没有尝试，就别说不行

即使不成熟的尝试，也胜过胎死腹中的计划。

任何一个有成就的人，都有勇于尝试的经历。尝试也就是探索，没有探索就没有创造，没有创造也就没有成就。

"我的确是残疾人，我参加选美，就是站出来告诉每个人，也许我们外表不同，说话方式、行为举止也不尽相同，但我们都能做得很棒。"对于身体上的不完美，凯利从小到大一直都不回避。

小凯利出生时左臂就只有后半截。尽管如此，父母依然对她宠爱有加，凯利也因此养成了活泼乐观的性格。小时候，每当小伙伴问凯利，为什么她的左手只有半截时，凯利总是坦然地开玩笑说："另外半截被鲨鱼咬掉了呀。"从小就习惯被别人注视的她，比一般孩子更加大胆、勇敢，不管是男孩的项目——棒球，抑或是女孩喜欢的跳舞，凯利几乎样样擅长。"我的世界里没有'不行'两个字，没有什么是我不敢尝试的。"在不断尝试的过程中，凯利发现了自己的兴趣和热情所在——舞台。"在舞台上，我能够抬头挺胸、自信满满地做自己。在这里，我允许别人盯着我看个够。"

凯利以前从未想过自己会登上选美的舞台。"我根本没憧憬过这条路。"虽然如此，当她得知选美比赛的消息时，这位从不拒绝尝试的女孩自然也不会错过。"当时我想，为什么不呢？这样更多的人就能听到我的声音。我觉得我能够做到，也会乐在其中。"2013 年 2 月，凯利开始为选美紧锣密鼓地训练。

4 个月中，除了遵守严格的饮食规律外，凯利的训练也系统而全面，从穿高跟鞋走路、练习坐姿、站姿，到发型、服饰、拍照姿势，甚至包括笑容的幅度等等都要练习无数遍。

凯利的努力没有白费。历时 3 天的比赛中，凯利的阳光、乐观与机智一次次让评委刮目相看。才艺表演时，她以高亢的嗓音唱出音乐剧《女巫前传》的经典曲目《反抗引力》，全场仿佛听到了她的心声："我要反抗引力腾飞，谁也不能阻止我。我不要再认命，就因为别人都说本应如此。也许有些事我改变不了，但若不去试，我怎么能确定！"

荣膺"爱荷华小姐"之后，凯利迅速被美国 CNN（美国有限电视新闻网）、ABC（美国广播公司）等知名媒体包围，要求采访，都被凯利拒绝了。她说："之所以参赛，我是要证明：残疾人和普通人一样，普通人做得到的，残疾人也能做得到。"

每一次的成功都是由尝试开始，若不是开始尝试去做某件事，最后也不可能得到什么结果。当然，也许这个结果是痛苦的，也许这个过程折磨得人想要放弃，甚至怀疑自己的能力，但是，只要你愿意尝试，或许前面那扇成功的门就是虚掩着的。

想改变，就总会有办法

即使天才，在生下来的时候第一声啼哭，也和平常的儿童一样，决不会就是一首好诗。

上帝只宠爱那些有自救意识的人，成功只属于有追求、敢拼搏的勇士，对于容易被人生中种种困难所吓倒和束缚的人来说，成功永远是一个美丽的、遥不可及的梦，只能存在于"如果人生可以重来"的想象之中。

他是一位黑人，出生在纽约布鲁克林贫民区。他有两个哥哥、一个姐姐、一个妹妹，父亲微薄的工资根本无法维持家用。他从小就在贫穷与歧视中度过。对于未来，他看不到什么希望。没事的时候，他便蹲在低矮的屋檐下，默默地看着远山上的夕阳，沉默而沮丧。

13岁的那一年，有一天，父亲突然递给他一件旧衣服："这件衣服能值多少钱？""大概1美元。"他回答。"你能将它卖到2美元吗？"父亲用探询的目光看着他。"傻子才会买！"他赌着气说。

父亲的目光真诚又透着渴求："你为什么不试一试呢？你知道的，家里日子并不好过，要是你卖掉了，也算帮了我和你的妈妈。"

他这才点了点头："我可以试一试，但是不一定能卖掉。"

他很小心地把衣服洗净，没有熨斗，他就用刷子把衣服刷平，铺在一块平板上阴干。第二天，他带着这件衣服来到一个人流密集的地铁站，经过6个多小时的叫卖，他终于卖出了这件衣服。

他紧紧地攥着2美元，一路奔回了家。以后，每天他都热衷于从垃圾堆里淘出旧衣服，打理好后，再去闹市里卖。

如此过了十多天，父亲突然又递给他一件旧衣服："你想想，这件衣服怎样才能卖到20美元？"怎么可能？这么一件旧衣服怎么能卖到20美元，它顶多只值2美元。

"你为什么不试一试呢？"父亲启发他，"好好想想，总会有办法的。"

终于，他想到了一个好办法。他请自己学画画的表哥在衣服上画了一只可爱的唐老鸭与一只顽皮的米老鼠。他选择在一个贵族子弟学校的门口叫卖。不一会儿，一个开车接少爷放学的管家为他的小少爷买下了这件衣服。那个十来岁的孩子十分喜爱衣服上的图案，一高兴，又给了5美元的小费。25美元，这无疑是一笔巨款！相当于他父亲一个月的工资。

回到家后，父亲又递给他一件旧衣服："你能把他卖到200美元吗？"父亲目光深邃，像一口老井幽幽地闪着光。

这一回，他没有了犹疑，他沉静地接过了衣服，开始了思索。

两个月后，机会终于来了。当红电影《霹雳娇娃》的女主演法拉佛西来到纽约做宣传。记者招待会结束后，他猛地推开身边的保安，扑到了法拉佛西身边，举着旧衣服请她签个名。法拉佛西先是一愣，但是马上就笑了。我想，没有人会拒绝一个纯真的孩子。

法拉佛西流畅地签完名。男孩笑了，黝黑的面庞，洁白的牙齿："法拉佛西女士，我能把这件衣服卖掉吗？""当然，这是你的衣服，怎么处理完全是你的自由！"

他"哈"的一声欢呼起来："法拉佛西小姐亲笔签名的运动衫，售价

200美元！"经过现场竞价，一名石油商人出1200美元的高价收购了这件运动衫。

回到家里，他和父亲，还有一大家子的人陷入了狂欢。父亲感动得泪水横流，不断地亲吻着他的额头："我原本打算，你要是卖不掉，我就找人买下这件衣服。没想到你真的做到了！你真棒！我的孩子，你真的很棒……"

一轮明月升上夜空，透过窗户柔柔地洒了一地。这个晚上，父亲与他抵足而眠。

父亲问："孩子，从卖这3件衣服中，你明白什么了吗？"

"我明白了，您是在启发我。"他感动地说："只要开动脑筋，办法总是会有的。"

父亲点了点头，又摇了摇头："你说得不错，但这不是我的初衷。"

"我只是想告诉你，一个只值一美元的旧衣服，都有办法高贵起来，何况我们这些活生生的人呢？我们有什么理由对生活丧失信心呢？我们只不过黑一点儿、穷一点儿，可这又有什么关系？"

就在这一刹那间，他的心中，有一轮灿烂的太阳升了起来，照亮了他的全身和眼前的世界。"连一件旧衣服都有办法高贵起来，我还有什么理由妄自菲薄呢！"

从此，他开始努力地学习，严格地锻炼，时刻对未来充满着希望！20年后，他的名字传遍了世界的每一个角落。他的名字叫——迈克尔·乔丹！

如果你想改变人生，办法总是会有的；如果你想得到你从未有过的东西，就去做你从未做过的事。其实改变命运并没有多么难，只要你愿意尝试。生命很短，精力有限，人生几十年眨眼间便过去了，不要把自己囚禁在一个小笼子里。放自己的心出来走走，或许你就会看到一个不一样的世界，一个崭新的人生。

机会再小，也是机会

　　机会只偏爱有准备的人。这里的准备包括知识的准备和勇气的准备，在某种意义上说后者更为重要。因为知识和才能就一般人来说并无太大的差别，你毕竟不是天下第一的天才奇才，而不过是一个芸芸众生中的平凡人，因而往往要在工作中，要在长期的实践中才能体现出来；而勇气则是你寻求机遇时必不可少的，就是你才能发挥作用的舞台，甚至是你的才能本身。强不强，首先就看你有没有勇气了。下面这个女孩的经历很有说服力和代表性：

　　我现在从事的这个各方面都不错的工作，细细想来，本应是属于另外一个女孩的。

　　那年，我在连续几次高考落榜的情况下，只好进了一所民办女子中学教书。教学之余，我一直不停地苦苦寻觅，希望能找到一个更适合自己的去处。

　　然而，由于我刚刚从闭塞的乡村，独自闯进小城，没有亲友，没有

"关系"；而报纸上众多的招聘广告，每每也令我这个职业高中毕业生望而却步。当时，同我一起在那所民办女子中学共事的还有一位女孩，是某名牌大学中文系毕业生。她由于在机关工作得不太顺心，一气之下走了出来，之后又没有合适的去处，后悔得不行，只好屈就做一名临时教书匠。

一次，劳动局人才交流中心的两位工作人员来找她，要她交纳档案代管费（她的个人档案由交流中心代管）。闲谈之间，其中一位向她提到，有一家大公司需要一名办公室主任，让她去试一试。但是她却说："没有熟人，这怎么能成呢？"之后，这个话题他们就一带而过了。

而我当时就在苦苦寻觅各种可能的机会，听了他们这番话之后，心里不禁一动："我何不去试一试？"

下班之后，我问几个要好的朋友："你们说，这件事到底有没有希望？"

"这事即便有希望，那也只有 1% 的希望，甚至 0.1‰ 的希望。"

"1% 的希望就等于没有希望。"

我呢，我一个晚上没有说话，朋友们的话不断地在心中烦恼着我。

而一个人对于明知没有希望的事，是很难提起劲儿去做的。

可是，真的没有希望吗？真的连一点儿希望都没有吗？

第二天，我起得很早，天还没亮。人才交流中心那位工作人员的话，不经意间又响起在我耳边……我忽然觉得自己应该去试试，只当一次演习好了。何况，我心里也觉得希望就是希望，无所谓 1%，0.1‰。

主意一定，我马上找出各种可以证明我能力的东西：发表在报刊上的文章、获奖证书、报社的优秀通讯员证书等。我决定无论成与不成，都应该去试试。

现在，我知道该怎么去做了。我所能够努力的、能够发挥的，是这件事的过程，没有"过程"而去谈"结果"，这无疑是空谈。我很详细地安排好了这个"过程"的许多细节：先给公司的总经理写了一封自荐信；两天后，在他收到信的时候，我又打去了电话……

终于，我与公司总经理见面了。他不但亲自接待了我，而且还很详细地看了我带去的资料，问了我的情况，他还说："像你这样自己上门来自荐担任这样重要职位的，没有规定的学历和资历，而且又是个农村青年，这在我们这个小城是不多见的。"

停了一会儿，他又说："我还得与公司其他领导成员商量一下，不过现在基本上是可以定下来的，我看你下周一就来上班吧。"

这是真的？这是真的？

这当然是真的！

如今，我已成为两个驻京机构的负责人，连同我的男朋友一起从西北小城进入了首都，开拓着事业的新天地……

一个本来属于别人的机会，别人不经意地放弃了，而这个女孩却如获至宝地紧握在手中，并努力地将它实现了。这是她人生的一大收获，其意义已远远地超出了事件的本身。相信在她以后的人生中，每每遇到艰难曲折之时，这次的经历都会化成一股神奇的力量，支撑着她一步一步地去实现自己的目标。

别让灵魂东躲西藏

　　人的生命短得可笑，在这短暂的生命里应该怎样生活？有些人千方百计地逃避生活，另外一些人把自己整个身心献给了它。前一种人在晚年时精神空虚，无所回忆；后一种人精神和回忆都是丰富的。

　　生命中，总有这样或那样你不愿意面对的事情，然而只有解决它，你才能真正地享受生活。所以不管结局怎样，都不要做一个逃避的人。

　　他相貌平平，毕业于一所毫无名气的专科院校，在来自各个名牌大学、头上顶着硕士、博士光环的应聘者中，他的表现却像是一个国外大学的留学生。

　　尽管他表现得很自信，但面试官还是给了他一个无情的答复：他的专业能力并不足以胜任这个职位，这是事实。

　　他在得知自己被淘汰出局以后，显得有点失望、尴尬，但这种失望的表情转瞬即逝，他并没有马上离开，而是笑了笑对面试官说："请问，您能否可以给我一张名片？"

　　面试官微微愣了一下，表情冷冷的，他从内心里对那些应聘失败后死缠烂打的求职者没有好感。

　　"虽然我不能幸运地和您在同一家公司工作，但或许我们可以成为朋友。"他解释说。

"你这样认为？"面试官的口气中带了一点轻视。

"任何朋友都是从陌生开始的。如果有一天你找不到人打乒乓球，可以找我。"

面试官看了他一会儿，掏出了名片。

那个面试官确实很喜欢打乒乓球，并且朋友们真的都很忙，他经常为找不到伴儿打球而烦恼。后来，面试官和那个面试者成了朋友。

熟悉了以后，面试官问面试者："你不觉得自己当时提的要求有点过分吗？你当时只是一个来找工作的人，你不觉得你自我感觉太好了点吗？"

他说："我不觉得，在我看来，人与人之间是平等的。什么地位、财富、学历、家世于我而言都没有意义。"

面试官笑了，他甚至觉得这个朋友有点酸得可爱，他笑着问："要是当初我不理你，你怎么下台？"

"我可能没法下台，但我不允许自己不去尝试。其实很多人不敢去做一些事情，并不是害怕失败本身，而是失败以后的尴尬，人们觉得这很丢脸。可是，真正丢脸的并不是失败，而是不敢去开始。"

接着他说："大学的时候，我曾经非常喜欢一个女孩，可是我一直害怕被她拒绝，怕她说'你是一个好人，但是……'，如果这样我会无地自容。所以大学那四年，我只敢远远地看着她，后来我偶然得知，她以前一直对我有好感，只是此时她已经找到了真正的归宿，我错过了本该属于我的幸福！"

"这是我迄今为止最大的遗憾，它是那样的令我懊悔、心痛。自此以后，每每怯懦、退缩的念头冒出来时，我就会以此来告诫自己，不要怕可能出现的失败。否则，还是会一次次地错过。现在，我已经可以敢于迎向一切了，不管前面是一个吸引我的女孩儿，还是万人大会的讲台，我都会毫不迟疑地迎上去，虽然我知道这可能会失败，虽然我知道自己也许还不够资格。"

永远不要认为可以逃避，你所走的每一步都决定着最后的结局。面对，是人生的一种精神状态。想要成为一个什么样的人物，获得什么样的成就，首先就要敢于去迎上去，只有面对了才可能拥有。即使最后没能如愿以偿，至少也不会那么遗憾。我们做事，结果固然重要，但过程也同样美丽。

命运，不是人生的裁判

伟大高贵的人物最明显的标识，就是他坚定的意志，不管环境变化到何种地步，他的初衷与希望，仍然不会有丝毫的改变，而终至克服障碍，以达到所企望的目的。跌倒了再站起来，在失败中求胜利。这是那些成功者的成功秘诀。

有人问一个孩子，他是怎样学会溜冰的？孩子回答道："哦，跌倒了爬起来，爬起来再跌倒，就学会了。"使得个人成功，使得军队胜利的，实际上是这样也一种精神：跌倒不算失败，跌倒了站不起来，才是失败。

拳击赛场上，拳击手在倒地的一瞬间，满目都是观众的嘲笑，满心都是失败的耻辱。他趴在那里，头晕眼花，根本不想再动弹。裁判不停地数着 1、2、3、4……但是，倘若还有一丝力气，不等裁判数完，他一定会站起来，拍拍身上的灰尘，振作疲惫的精神，重新投入到战斗之中。这是拳击运动员的职业精神，没有这种精神，实力再强悍，也成不了合格的运动员。

其实，人生有时真的就像一场拳击赛。在人生的赛场上，当我们被突如其来的"灾难"击倒时，有些灰心、有些丧气也实属正常。我们或许也躺在那里一度不想动弹，是的，我们需要时间恢复神智和心力。但只要恢复了，哪怕是稍稍恢复了，我们就应该爬起来，即便有可能再次被击倒，也要义无反顾地爬起来，纵然会被击倒 100 次，也要爬起来。因为不爬起来，我们就永远输了；坚持爬起来，就还有转败为胜的希望。

玛格丽特·米切尔是世界著名作家，她的名著《乱世佳人》享誉世界。但是，这位写出旷世之作的女作家的创作生涯并非像我们想象的那样平坦，相反，她的创作生涯可以说是充满坎坷曲折。玛格丽特·米切尔靠写作为生，没有其他任何收入，生活十分艰辛。最初，出版社根本不愿为她出版书稿，为此，她在很长一段时间里不得不为了生活而操心忧虑。但是，玛格丽特·米切尔并没有退缩。她说："尽管那个时期我很苦闷，也曾想过放弃，但是，我时常对自己说：'为什么他们不愿意出版我的作品呢？一定是我的作品不好，所以我一定要写出更好的作品。'"

经过多年的努力，《乱世佳人》问世了，玛格丽特·米切尔为此热泪盈眶。她在接受记者采访时说："在出版《乱世佳人》之前，我曾收到各个出版社一千多封退稿信，但是，我并不气馁。退稿信的意义不在于说我的作品无法出版，而是说明我的作品还不够好，这是叫我提高能力的信号。所以，我比以前任何时候都努力，终于写出了《乱世佳人》。"

跌倒了站起来，这是勇士；跌倒了就趴着，这就是懦夫！如果我们放弃了站起来的机会，就那样萎靡地坐在地上，不会有人上前去搀扶你。相反，你只会招来别人的鄙夷和唾弃。要知道，如果你愿意趴着，别人是拉不起来你的，即便是拉起来，你早晚还会趴下去。人其实不怕跌倒，就怕一跌不起，这也是成功者与失败者的区别所在。在这个世界上，最不值得同情的人就是被失败打垮的人，一个否定自己的人又有什么资格要求别人去肯定？自我放弃的人是这个世界上最可怜的人，因为他们的内心一直被自轻自贱的毒蛇噬咬，不仅丢失了心灵的新鲜血液，而且丧失了拼搏的勇气，更可悲的是，他们的心中已经被注入了厌世和绝望的毒液，乃至原本健康的心灵也会逐渐枯萎……

接受现实，但别输给现实

遗憾会使有些人堕落，也会使有些人清醒；能令一些人倒下，也能令一些人奋进。同样的一件事，我们可以选择不同的态度去对待。如果我们选择了积极，并作出积极努力，就一定会看到前方美丽的风景。

其实，人生中的遗憾并不可怕，怕就怕我们沉浸在戚戚地诉说遗憾中停滞不前。甚至是那些看似无法挽回的悲剧，只要我们意念强大，勇敢面对，就能修正人生航向，创造人生幸福，实现人生价值。

当自己出版的第二本书送达莉兹·维拉斯克斯的手中，抱着书本，闻着墨香，刚满23岁的她不由得开心地笑了。虽然她的笑容并不美，甚至像一具龇着牙的骷髅，却充满自信和满足。

是的，不管笑与不笑，莉兹都很丑。这一切，从出生时就注定了，似乎是个悲剧：她早产四周，患有罕见的（目前世界上大约还有另两例）新生儿早衰综合征，天生缺乏脂肪。看着这个不到1公斤的小东西，医生几乎宣布了她的死亡，没想到她居然活了下来，骨骼和内脏全部发育正常，只是永远会骨瘦如柴，到了2岁的时候，她还只有5个月的婴儿那么大。

因为瘦小，普通的婴儿服对她来说都太大了，母亲只能到玩具店买玩具娃娃穿的衣服。目前医学界也还没有能治疗这种病的方法，因为体内缺少脂肪组织，她只能每天每隔15～20分钟就需要吃一顿高热量食物。但就是这样死撑，她成年后的体重最多也只有26公斤。然而，轻还不算什么，因为没有脂肪，只有一层皮包着骨头，她的眼睛就像灯笼一样突出着，牙齿在一层皮无力的笼罩下也向前突着，脸上、身上到处露出皮下的骨头。干枯的胳膊和腿像四根火柴棍在身上支撑着，棕色的右眼在4岁那年变成了蓝色，最后失明了。这样的长相，不管笑与不笑，突然出现在平常人面前，都会像一场噩梦，像恐怖片里的吸血鬼、大头外星人……所以，不管走到哪里，她遇到的不是窃窃私语、嘲笑，就是大惊失色的尖叫、奔逃。从小到大，莉兹遭遇的白眼不计其数，她开始不敢出门，怀疑自己是不是有罪的，她到牧师那里忏悔，流泪，向上帝发问，可这些统统不能改变她的外貌，也不能改变别人的眼光。她没有朋友，她抬不起头来。

后来，莉兹学会了上网，没有了自信的莉兹逃到网络上躲了起来。但是，网络也没有她安身之地。那天，她打开邮箱，有封邮件闪动着，她打开一看，信里写着："你这个世界上最丑的女人、怪物，你怎么不去死？你怎么不自杀！……"莉兹的眼泪在眼眶里打着转，关掉了邮箱。她又进了一个网站想浏览一下，谁知满论坛都是她的照片和攻击她的语言，这个网站的所有人都认为她是个怪胎，她应该去死。

这个时候，到她进食高热量食物的时间了，母亲高声叫她。她离开电脑，走到茶几前，刚咬了一口巧克力，却突然觉得胃里一阵恶心，"我吃不下去！"她难过得叫了起来。母亲知道了缘由，劝她吃，可是她却怎么也控制不住情绪。

接连三天，莉兹几乎饭也吃不下，不知为什么她一下子成了全美国的名人。每次，她一上网，总能看到潮水般漫天涌来的攻击，那些网上的人就像前辈子就与她有仇似的，几乎所有恶毒甚至下流的语言都被他们用来掷向她。她的眼睛红肿得更大了，随着体重的下降，她开始有些发烧。

愁眉苦脸的母亲终于等到出差回来的父亲。父亲走到床前，对抑郁的莉兹说："你怎么不吃东西？"她捂着脑袋尖叫起来："不吃不吃我不吃！反正吃不吃我都一样是该死的人！"父亲不说话，把她拉到电脑上，打开一个个网页，这些网站上自然很多是攻击与嘲笑她的。她呜咽地说："你看，所有人都在骂我。"父亲点着鼠标，说："这个不是支持你的吗？这个不是鼓励你的吗？"她的眼泪更加汹涌而出："只有3个人。"父亲火了："你怎么只看到骂你的5000个人，却没有看到支持你的3个人？就算全世界骂你又怎么样？我和你母亲不是一样爱你？就算有一万个人在骂你，他们能改变你什么？只有你自己才能主宰自己，你自己想做什么就能做什么，一万个人也比不上一个你自己！"

莉兹怔住了。是啊，别人是别人，自己能做什么是由自己来决定的。那么，就让自己做出点什么来吧。她给自己定了四个目标：第一是成为一位励志演说家，第二是能出版一本书，第三是考上大学，第四是成立家庭并有一份职业。她不再理会别人在说什么，只是专心致志地朝自己的目标努力。终于，她成为得克萨斯州大学奥斯汀分校的学生，她的第二本书《要想漂亮，展现真我》也出版了，她还如愿成了一位激励人心的演说家。她在各种场合与媒体上跟大家分享她的思想，告诉相貌丑陋的人怎么走出困境，怎么交朋友，告诉人们面对冷嘲热讽时根本不要在意，那些在网络上嘲笑别人的人才是真正的胆小鬼，所以没有自信在网上展示真正的自己，等他们关了电脑，他们所有的话都只是些闲言碎语，根本没有什么价值。

现在，如果在街上有人用异样的眼神看着莉兹，她会大方地打个招呼，或者上前递过名片介绍自己："你好，我叫莉兹·维拉斯克斯。也许你不应该在这里盯着别人看，而应该多花点时间在学习上。"

莉兹知道自己不美丽，但她觉得这样挺好，这样能让人更直接地看到最真实的自己。她说："我没有理由不自信，我一直在努力，因为对我的人生来说，一万个别人也比不上一个我自己。"

其实，上帝是很公平的，他会给予每个人实现梦想的权利，关键看你如何去选择。琐事缠身、压力太大——这些都不应该是我们放弃梦想的理由，在身残志坚的人面前这会让你抬不起头。要知道，幸福感并不取决于物质的多寡，而在于心灵是否贫穷，你的心坚强了，世界才会坚强。

再贫瘠的土壤也有合适的种子

就算是一块再贫瘠的土地，也会有适合它的种子。每个人，在努力而未成功之前，都是在寻找属于自己的种子。当然，你不能期望沙漠中有清新的芙蓉，你也不能奢求水塘里长出仙人掌，但只要找到适合自己的种子，就能结出丰盛的果实。

对于还在寻找种子的人们，道路虽然漫长而又艰辛，虽然看上去很迷茫，虽然荆棘密布、挫折重重，但只要坚信自己的能力，并且有毅力，那么必定会在某一时刻、某一地点找到属于自己的种子。

多年前，山区里有个学习不错的男孩，但他并没能考上大学，被安排在本村的小学当代课老师。由于讲不清数学题，不到一周就被学校辞退了。父亲安慰他说，满肚子的东西，有人倒得出来，有人倒不出来，没有必要为这个伤心，也许有更适合你的事等着你去做。

后来，男孩外出打工。先后做过快递员、市场管理员、销售代表，但都半途而废。然而，每次男孩沮丧地回家时，父亲总是安慰他，从不抱怨。而立之年，男孩凭一点语言天赋，做了聋哑学校的辅导员。后来，他创立了一家自己的残障学校。再后来，他建立了残障人用品连锁店，这时的他，已经是身家千万了。

一天，他问父亲，为什么之前自己连连失败、自己都觉得灰心丧气时，父亲却对自己信心十足。

这位一辈子务农的老人的回答朴素而又简单。他说，一块地，不适合种麦子，可以试试种豆子；如果豆子也长不好的话，可以种瓜果；如果瓜果也不济的话，撒上一些荞麦种子一定能够开花。因为一块地，总会有一种种子适合它，也终会有属于它的一片收成。

每个人来到世界上，都有其独特之处，都具有独特的价值。换言之，每个人都是独一无二的，都有"必有用"之才。只是，有时才能藏匿得很深，需要全力去挖掘；有时才能又得不到别人的认可……但我们绝不能因此否认自己，更不能因为生活中的挫折、失败而怀疑自己的能力，因为信心这东西一旦失去，就会给我们的人生造成无法弥补的损失。

所以无论何时，都不要以为别人所拥有的种种幸福是不属于我们的，以为我们是不配有的，以为我们不能与那些命好的人相提并论。有人说：自信是成功的一半。是的，它还不是成功的全部，但是如果我们还认识不到它的重要性，那终有一天你会连这一半的机会也失去。

很显然，命运是可以被改写的，自卑是可以被战胜的。战胜自卑的过程，其实就是磨炼心志、超越自我的过程。逆境之中，如果我们一味地抱怨命运，认为自己是最不幸的那一个，那么，自卑的魔咒就永远也无法解除。想要消除自卑，我们首先就要以一种客观、平和的心态看待自己，不要一直盯着自己的短处看，因为越是这样，我们就越会觉得自己一无是处。而只要你不放弃，终有一天会找到适合自己的种子。

只要不认输，就还不是败局

每个成功者都有自己的特色，但他们又都有一个共同点——不服输的精神。这个力量不是外力强加的，是内心的力量，这个力量所向无敌。

成功源于不服输，放弃了就是前功尽弃，眼睁睁地看着别人取得胜利。那些成功者们，经历了太多的惊心动魄，即使时过境迁，有很多人已经退出了人生的赛场，这种气质和精神却沉淀了下来，他们的眼神里就透着不服输的精神。

2010 年世界杯来临之际，德国战车开足了马力，所有人都摩拳擦掌准备在世界杯上大显身手。然而，就在这最关键的时刻，一个意外差点毁灭了德国队关于世界杯的所有梦想——德国队长迈克尔·巴拉克因伤不能出战世界杯。全世界的球迷都知道巴拉克对于德国队有多么重要，曾经有人说这个德国队的精神领袖一个人就可以抵得上半支球队。

遭受了巨大打击的德国队以残缺的阵容开始了世界杯之旅。没有人看好这支本来就状态一般现在又缺少了核心的德国队。然而，在接下来的比赛里，所有人都看傻了眼。在这届进球不多、比赛沉闷的世界杯中，德国队不仅每场都有华丽漂亮的进球，而且战胜了一个又一个强大的对手。尤其是年仅 21 岁的穆勒表现得极其出色，无论是进球还是助攻，都成为本届世界杯上最耀眼的明星。

进入淘汰赛之后不久，德国队遇到了夺冠呼声极高的阿根廷队。阿根廷的潘帕斯雄鹰们不仅拥有梅西这样出类拔萃的球星，还有着几乎无懈可击的攻防能力，在球王马拉多纳的带领下更是一路高歌猛进，几乎无法阻挡。

在这场生死大战之前，有记者采访穆勒，问他是否感受到了巨大的压力，穆勒表情严肃地告诉记者："阿根廷是夺冠的大热门，是一支非常强大的球队，但不管遇到多么强悍的对手，我们都必须选择死战不退，宁可跑断腿，也不能放弃对成功的渴望。"比赛开始之后，穆勒果然表现出了极其强烈的求胜心，几乎是不顾一切地疯狂奔跑着、进攻着。穆勒不要命的打法让防守他的阿根廷队员们感到了巨大的压力，一时间阿根廷队的后防线险象环生。在穆勒的带领下，德国队彻底爆发了！一轮接一轮如同潮水一样的进攻将阿根廷队的后防线和意志彻底摧毁！

当比赛哨声响起的时候，全世界都被震惊了！德国队以一场大胜向所有人展示了日耳曼人的坚强和勇敢，尤其是穆勒，以自己的表现赢得了全世界的尊重。当他走到场边向观众致谢的时候，全场几万名观众纷纷起立，将掌声和尊敬献给了这位足球场上的英雄！

当本届世界杯结束之后，穆勒凭借助攻次数多的优势，成为2010年南非世界杯最佳射手，为德国队成功卫冕了世界杯金靴奖。

人生路上，我们总会遇到比自己强大的对手和看似无法战胜的困难，你会觉得自己失败的几率很高。在你几乎认定自己会输的时候，对自己说一句："我不能把胜利拱手相让！"来点燃心中的斗志，即使胜算低，也要奋力一搏。谁能保证你不会超常发挥呢？谁能保证你的对手不会出错呢？

世事难料，只有认真地去做了，才会知道结果。

当所有人都认为你不可能会赢的时候，你更不能放弃，你要向他们证明他们是错的。别人越是不看好你的时候，你就越是要给自己信心，问自己一句："总有人要赢的，那为什么不能是我？"不想看见别人举着奖杯欢笑的样子，而自己只能在角落里羡慕，就要勇敢地迎接挑战，争取成为那个接受鲜花和掌声的胜利者。

Chapter
03

爱情在左，
婚姻在右

　　爱情是两颗灵魂的结合。爱情不会因为理智而变得淡漠，也不会因为雄心壮志而丧失殆尽。它是第二生命；它渗入灵魂，温暖着每一条血管，跳动在每一次脉搏之中。

两情相悦的才叫爱情

"香烟爱上火柴，就注定被伤害；老鼠爱上猫咪，就注定被淘汰。"选择你不爱的人，是践踏他的尊严；选择不爱你的人，是践踏自己的尊严。终有一天，回首过往，最心痛的不是逝去的感情，而是失去的尊严。我们都曾为爱做尽傻事，但真正的爱情，是要两情相悦的！

在《乱世佳人》中，斯佳丽从少女时代就狂热地爱上了近邻的一位青年艾希礼。每当遇到艾希礼，斯佳丽就恨不得把自己全部的热情都倾注在他身上，然而他却浑然不觉。在斯佳丽向艾希礼表达她的爱恋之情时，被另一个青年白瑞德发现，从此白瑞德对斯佳丽产生了兴趣。艾希礼没有领会斯佳丽的真情，同他的表妹梅兰结婚了，斯佳丽陷入深深的痛苦之中，然而对艾希礼的爱恋依然丝毫没有减弱。

后来内战爆发了，白瑞德干起了运送军需物资的生意，并借此多次接触斯佳丽。他非常欣赏斯佳丽独立、坚强的个性和美丽、高贵的气质，狂热地追求她，引导斯佳丽冲破传统习俗的束缚，激发她灵魂中真实、叛逆的内核，让她开始追求真正的幸福。斯佳丽最终经不起他强烈的爱情攻势，他们结婚了。然而斯佳丽却始终放不下对艾希礼的感情，尽管白瑞德十分爱她，她却始终感觉不到幸福，一直不肯对白瑞德付出真爱，以致他们的感情生活出现了深深的裂痕。后来，他们最心爱的小女儿不幸夭折，白瑞德悲痛万分，对斯佳丽的感情也失去信心，最终离开了她。白瑞德的离去使斯佳丽最终意识到自己的真爱其实就是他，然而一切悔之晚矣。

斯佳丽被一个并不爱她的男人蒙蔽了发现爱情的双眼，一生都在追求一种虚无缥缈的感觉，追求一种并不存在的所谓的爱情，当真正的爱情一直追随自己时，她却屡屡忽略。白瑞德选择了一个不爱自己的女人，也因此付出了大量的青春和感情，最终使自己伤痕累累。他们俩的选择都是错误的，致使自己的感情白白付出，酿成了悲剧。

真正完美的、能够长久地给人带来幸福的爱情，应该是两相情愿、两情相悦的，是爱情双方互相认同和吸引的，是双方共同努力营造的。一个巴掌拍不响，单靠一个人的努力，另外一方无所回应，爱情的嫩苗不可能发展壮大，爱情的花朵也不可能结出丰硕的果实。

我们在寻找爱情时，一定要找一个既爱自己又被自己深深爱着的人，找一个与自己的道德观念、人生理想、信仰追求相似的人。尽管这样的爱情得来不易，适合自己的伴侣迟迟难以出现，我们也应对真爱抱有坚定而执着的信念，做到"宁缺毋滥"。因为不适合自己的"爱情"不仅不能给自己带来幸福，还会浪费自己的青春和感情，给自己的心灵造成伤害，使我们丧失对真爱的感悟力，使伤痕累累的我们没有信心再去尝试真正的爱情，从而错过人生中的最爱，这难道不是最大的悲剧吗？

找个同维度的人去相爱

雄孔雀有漂亮的尾羽但不能歌唱，能唱得像夜莺一样好的雄孔雀只能浪费时间，因为雌孔雀并没有能聆听歌声的耳朵；同样的，雄夜莺也无法靠长出华丽的青蓝尾羽去取悦到雌夜莺。

这个世界是多维、平行的，不同的人生活在不同维度的空间之中，有些人之间注定一生无法交流、无法沟通，就算命运安排他们相遇，如果听不到或者根本无法接纳对方的心声，那在一起又有什么意思？

电视剧《蜗居》热播以后，在大众口诛笔伐宋思明和海藻的同时，却忽略了一个现实的问题：宋思明能给海藻的东西，小贝给不了，不管是激情还是物质。换而言之，海藻想要的东西，小贝给不了。所以这段感情即使没有宋思明的加入，也许也不会长久，只因维度不一样。

用"维度"来阐述爱情，或许有些人会感到难以理解，那么我们说得更通俗一点。回想一下，在你的大学时代有没有发生过这样的事情？

在樱花盛开的季节，颇具文艺范的学长连续几天弹起他心爱的木吉他，在工科女生宿舍楼下浅吟低唱："我的心是一片海洋，可以温柔却有力量，在这无常的人生路上，我要陪着你不弃不散……"对面文学系的姑娘们眼睛中闪烁着晶亮的光芒，多希望有一位英俊的少年能够为自己如此疯狂。而学长的女神，那位立志成为女博士的姑娘却打开窗，羞涩而坚定地说："学长，你……你可不可以安静一点，我们还准备考试呢。"

这泼冷水的效果丝毫不亚于那句"我一直把你当哥哥（妹妹）看待"。其实被泼冷水的人也不必灰心丧气——不是你不够优秀，只是你爱慕的对象身处在不同的维度。有时候，你爱的人真的并不适合你，他只是你生命中点燃烟花的人，而烟花的美只缘于瞬间，如果你非要抓住这瞬间但不属于你的美丽，就会像那条最孤独的鲸鱼"52赫兹"一样。

"52赫兹"是一头鲸鱼用鼻孔哼出的声音频率，最初于1989年被发现记录，此后每年都被美军声呐探测到。因为只有唯一音源，所以推测这些声音都来自于同一头鲸鱼。这头鲸鱼平均每天旅行47千米，边走边唱，有时候一天累计唱个22小时，但是没有回应。鲸歌是鲸鱼重要的通讯和交际手段，据推测不但可以召唤同伴，在交配季节更有"表述衷肠"的作用。导致"52赫兹"幽幽独往来的原因，是因为该品种鲸鱼的鲸歌大多在15～20赫兹，"52赫兹"唱的歌就算被同类听到，也不解其意，无法回应。

经营爱情的道理也是一样的，找准处在同一维度的对象很重要。孤独的"52赫兹"如果想找到知音，那么可以去唱给频率范围是20～1000赫兹的座头鲸。如果你还是个纯粹爱情的向往者，不巧倾慕了一位脸蛋漂亮但宁愿坐在宝马车里哭的姑娘，那么还是趁早"移情别恋"吧。找一个适合自己的人来爱，才能够爱得轻松、爱得自在、爱得幸福、爱得愉快。

别为谁彻底丢失了自己

生活中，很多人心甘情愿为爱人付出所有。追随对方的脚步，顺应对方的想法，快乐着对方的快乐，却独独忘了自己，忘了爱情应该是相互的，应该是保留自我的。世界上没有谁对谁的付出是理所当然的，也没有谁对谁的付出是一种义务。所以爱别人的时候，也别忘了好好爱自己。

豆蔻年华的莎莎，在对爱情充满了浪漫幻想的时候，爱情不期而至。技校毕业后，她来到一家公司做打字员，与本公司的一个部门经理互生爱慕之情。他比她大8岁，他时常像个大哥哥一样照顾她，无论是在生活上还是工作上。随着时光的流逝，他那一腔的柔情蜜意使单纯的她很快便迷失了自己，觉得再也离不开他了，于是他们同居了。

最初的日子可以说是甜蜜的，莎莎将自己的一切毫无保留地奉献给了他：她的爱，她的时间，她的青春……每天除了上班，她的时间都用在做家务上，收拾他们的小巢，为他洗衣服，做好美味等他品尝。这样的日子过了两个月，他渐渐变了，待她察觉到他的变化时，他们之间全没了最初的和谐和挚爱。他不再像从前那样疼爱她，照顾她，反而在家里成了"甩手大爷"，心安理得地享受着莎莎的细心侍候，甚至连换液化气罐、修抽水马桶这样的事都由莎莎包揽了。承包全部的家务活还不算是最痛苦的，最让她伤心的是他的自私和冷漠。很多时候，下了班的他不是马上回家，而是和许多朋友吆喝着去喝酒、玩牌、跳舞，全然不顾莎莎在家做好了饭，眼巴巴地正盼他回家。每次还都深夜才归，回来就倒头大睡，对还没吃、没睡的莎莎连句道歉的话都没有，可如果莎莎偶尔有个应酬，回家晚了，他便摔杯子打碗。慢慢地，莎莎的心凉到了极点，他们之间几乎没有了沟通，莎莎的生活开始失去了阳光，变得忧郁、消沉起来。

莎莎曾几次收拾好了行李想离开这个无爱的家，离开这个冷漠的人，可是拎起包又没有走的勇气。当初为了和他在一起，她已经和家里闹翻了，父母已经不再认她这个女儿了，她觉得自己没有脸面再回到父母身边了。可是留在这里呢？她和他在一起像夫妻可又不是夫妻，像恋人却没有恋人间的亲密，像朋友却没有朋友间的真诚。莎莎对自己的未来感到越来越迷惘了，本该朝气蓬勃的她脸上却布满了怨愤和无奈，使她看上去好像已历尽了人世的沧桑。

莎莎的悲剧就在于她在爱情中迷失了自己，她每天生活的主要内容就是围着所爱的人转，完全丧失了自我。她爱得不够成熟，不够理智，她不是在爱中丰富自己，充实自己。一个人如果不能在爱中保持完整的自我，充分体现自我存在的价值，那么这样的爱情就无法持久，就没有生命力，当爱情遇到挫折时，也无法去坚强地面对打击。

生活中有很多人都是这样，他们在爱对方的同时失去了自我，将对方看作自己生活的全部，将得到对方的爱看成是自己生活的唯一支柱。可悲的是，你的爱对他来说，反而是一种压力，他会因此从你身边逃开。因此，无论你有多爱对方，都务必要在爱中坚守一个独立、完整、崭新的自我，这样你才能够品尝到爱情的甜蜜。

有些人不值得你刻骨铭心

原本我们以为不可失去的人，其实并不是不可失去。

你今天流干了眼泪，明天自会有人来逗你欢笑。你为他伤心欲绝，他却与别人你侬我侬。对于一个已不爱你的人，你为他百般痛苦可否值得？

爱情，是两个原本不同的个体相互了解、相互认知、相互磨合的过程。磨合得好，自然是恩爱一生；磨合得不好，便免不了要劳燕分飞。当一段爱情画上句号，不要因为彼此习惯而离不开，抬头看看，云彩依然那般美丽，生活依旧那般美好。其实，除了爱情，还有很多东西值得我们为之奋斗。

肖艳艳一直困扰在一段剪不断、理还乱的感情里出不来。

吴清的态度总是若即若离，其人也像神龙一样，见首不见尾。肖艳艳想打电话给他，可是又怕接的人会是他的女朋友，会因此给他造成麻烦。肖艳艳不想失去他，可是老是这样，有时自己也会觉得很无奈。她常常问自己："我真的离不开他吗？""是的，我不能忘记他，即使只做地下的情人也好。只要能看到他，只要他还爱我就好。"她回答自己。

但是该来的还是会来。周一的下午，在咖啡屋里，他们又见面了。吴清把咖啡搅来搅去，一副心事重重的样子。肖艳艳一直很安静地坐在对面看着他，她的眼神很纯净。咖啡早已冰凉，可是谁都没有喝一口。

他抬起头，勉强笑了笑，问："你为什么不说话？"

"我在等你说。"肖艳艳淡淡地说。

"我想说，对不起，我们还是分开吧。"他艰涩地说。"你知道，我这次的升职对我来说很重要，而她父亲一直暗示我，只要我们近期结婚，经理的位子就是我的，所以……"

"知道了。"肖艳艳心里也为自己的平静感到吃惊。

他看着她的反应，先是迷惑，接着仿佛恍然大悟了，忙试着安慰说："其实，在我心里，你才是我的最爱。"

肖艳艳还是淡淡地笑了一下，转身离开。

一个人走在春日的阳光下，空气中到处是春天的味道，有柳树的清香，小草的芬芳。肖艳艳想："世界如此美好，可是我却失恋了。"这时，那一种刺痛突然在心底弥漫。肖艳艳有种想流泪的感觉，她仰起头，不让泪水夺眶而出。

走累了，肖艳艳坐在街心花园的长椅上。旁边有一对母女，小女孩眼睛大大的，小脸红扑扑的。她们的对话吸引了肖艳艳。

"妈妈，你说友情重要还是半块橡皮重要？"

"当然是友情重要了。"

"那为什么月月为了想要萌萌的半块橡皮，就答应她以后不再和我做好朋友了呢？"

"哦，是这样啊。难怪你最近不高兴。孩子，你应该这样想，如果她是真心和你做朋友，就不会为任何东西放弃友谊，如果她会轻易放弃友谊，那这种友情也就没有什么值得珍惜的了。"母亲轻轻地说。

"孩子，知道什么样的花能引来蜜蜂和蝴蝶吗？"

"知道，是很美丽很香的花。"

"对了，人也一样，要加强自身的修养，又博学多才又优雅大方。当你像一朵很美的花时，就会吸引到很多人和你做朋友。所以，放弃你是她的损失，不是你的。"

"是啊，为了升职放弃的爱情也没有什么值得留恋的。如果我是美丽的花，放弃我是他的损失。"肖艳艳的心情也突然开朗起来了。

若是一个人为名利和前途而放弃你们之间的感情，你是不是应该感到庆幸呢？很显然，这样的人是不值得你去爱的。

请释怀那些迫不得已的分离

如果我有一块糖，分给你一半，就有了两个人的甜蜜。如果你我都有一份痛，全部交给我来担，我一个人痛，就足够了。

他和她青梅竹马，自然相爱。

20岁那年，他应征入伍，她没去送他，她说怕忍不住不让他走，她不想耽误他的前程。

到了部队，不能使用手机，他与她之间更多的是书信来往，鸿雁传情。每一次看到她的信，他都在心里对自己说：等着我，我一定风风光光地娶你进门，与子偕老，今生不弃。

三年的时间可以模糊很多东西，却模糊不了他对她的思念。可是突然有一天，她在信中对他说：分手吧！我已经厌倦了这种生活，真的厌倦了！

他不相信，不相信这是真的，他甚至想马上离开部队，回去让她给自己一个解释。可是，那样做就是逃兵啊！

所有的战友都劝他："我们的职责虽然是光荣的，但对于自己的女人来说却是痛苦的。我们让女人等了那么多年，若日后真的荣归故里还好，若不能出人头地，还要让她跟着受苦吗？所以分开了也好。你得看开些，如果实在看不开，等退伍了，兄弟们陪你一起去，向她问个明白。"

退伍那天，他什么都顾不得做，第一时间赶回了家乡，只想快点见到她，问她一句：为什么？可是见到她的那一刻，他彻底心冷了。他不愿相信却又不得不相信，她已嫁做人妻且已为人母。原来，她早忘了他们间的爱情。

然而一个偶然的机会让他发现，原来，他曾经送给她的东西，她一样也没丢，至今保存。他找到她，想知道为什么，为什么明明没有忘记他，却嫁给他人。在他苦苦的询问与哀求之下，她终于道出了事情的真相。

原来，有一次她去参加朋友的聚会，喝多了酒，她现在的老公曾经是她的追求者，主动送她回家。就在她家的小区里，他们遇到了一位酒驾的业主开车朝他们开来，他猛地推开她，她无甚大碍，他却残了一条腿。她说："所以，我宁愿嫁给他，照顾他一辈子。只是没想到这份感情里，伤得最深的还是你。"

他沉默了，没有说话。只是静静地听着，就像听故事一样。

他默默地转身走了，烧毁了她送给他的一切，不是绝情，只是想把她彻底忘记。他知道她心里也有痛，他不能在她的心里再撒盐，这种痛，他一个人来忍受，就足够了。

一段感情的终止也许只是一个误会，但事实已成也便无法挽回。也许对方心里也有痛，只是你当时没有理解，他的心情你无法揣摩。可是事情已成定局，那么剩下的不该是用你最后的勇气去祝福他吗？

把相恋时的狂喜化成披着丧衣的白蝴蝶，让它在记忆里翩飞远去，永不复返，净化心湖。与绝情无关——唯有淡忘，才能在大喜大悲之后炼成牵动人心的平和；唯有遗忘，才能在绚烂已极之后炼出处变不惊的恬然。自己的爱情应当自己把握，无论是男是女，将爱情封锁在两个人的容器里，摆脱"空气"的影响，说不定更是一种痛苦。

爱你的人如果没有按你所希望的方式来爱你，那并不代表他没有全心全意地爱你。有些时候，爱情里确实存在着迫不得已。如果真的不能执手偕老，那么请放开你的手，让他幸福。如果一定要痛，那么一个人痛就够了。

爱的灵魂只给有心人

爱并不需要太多的甜言蜜语，不能依靠投机取巧，最重要的是有彼此的真心付出。爱是用心去感觉的，而不是用耳朵听来的，就如哈佛格尔所说："爱情无须言语做媒，全在心领神会。"

刻在心底的爱，因为无私无欲，才会真正永恒。想要执手白头，就要相互洞察对方的心，相互付出，相互谅解。也许一路走去，没有那么多鸟语花香，风情万种，但我们可以用心去触摸爱的灵魂，最终到达美丽心灵的境界。

　　天空中大雨倾盆，两个落魄至极的青年蜷缩在一起，他们又冷又饿，几欲昏倒。大街上不时有行人路过，但却一直对他们视而不见。

　　这时，一位年轻女护士撑着伞走到二人面前，她为他们撑伞挡雨，直至雨停，随后又为他们买来了面包。两个落魄青年深受感动，他们心中同时有一种情愫在滋生，是的，他们竟同时爱上了她。为了得到自己心中的"女神"，两位青年默默地展开了竞争。

　　第一位青年试探性地问女护士："小姑娘，冒昧地问一句，你的男朋友是从事什么职业的？"

　　"呵呵，我还没有男朋友呢。"

　　"那你希望未来的男朋友是做什么的呢？"

　　护士想了想，说道："他……最好是位医师吧。"

　　另一位青年深情款款地向女护士表白："我爱你！"

　　"哦，真对不起，我不会爱上一个不讲卫生的人。"

　　翌日，第二位青年洗漱干净，将自己打扮得焕然一新，又来到女护士身边："我爱你！"

　　"对不起，我不会爱上身无分文的人。"

　　数日之后，这位青年异常兴奋地跑去对女护士说："你知道吗？我买彩票中了大奖，有100万奖金，现在你可以接受我的爱情了吧？"

　　没想到女护士再次否决了他："对不起，或许我只会爱上一位医生，但你还不是医生。"

　　数年以后，该青年再度出现在女护士面前，而他此时的身份竟是

"医师"。

"亲爱的，我想你现在可以答应我的求婚了。"

"很抱歉，可我已经嫁人了。"说完，女护士挽着她的丈夫走进医院。这位青年仔细一看，险些昏倒在地。原来，女护士的丈夫竟是当年与他蜷缩在一起的另一位青年！现在，他是这家医院的院长，也是全市赫赫有名的外科医师。

这位青年很是不服，跑去质问第一位青年："你到底耍了什么手段？给她灌了什么迷药？"

"我用的是心！我的心始终朝着一个方向——做一名优秀的医生，赢得她的爱慕；而你用的是计谋，你过于急功近利，心中只有贪婪！"

爱情需要我们用心去捕获，爱人需要我们用心去征服，能够抓住爱的，绝对不会是计谋。幸福总是眷顾"有心的人"，当然，人生中的其他竞争亦是如此。

爱情不是华美的外衣

生活中的男男女女都幻想着得到至真至纯的爱情，渴望着遇到完美的爱人，但结果却事与愿违。

长得帅的未必有钱，有钱的又未必专情，漂亮的未必贤惠，而贤淑的又未必漂亮……生活就是这样，鱼与熊掌不可兼得，爱情也一样，不可能完全达到你理想中的状态。过分追求完美，只会自己去堵死爱情的通道。

　　水瑶、丹丹、雪儿是好得不能再好的闺中密友，三人中水瑶长得最美，雪儿最有才华，只有丹丹各方面都平平。三个人虽说平时好得恨不能一个鼻孔出气，但是在择偶标准上，却产生了极大的分歧。水瑶觉得人生就应该追求美满，爱情就应该讲究浪漫，如果找不到一个能让自己觉得非常完美的爱人，那么情愿独身一生。雪儿则觉得婚姻是一辈子的大事，必须找一个能与自己志趣相投的男人才行。只有丹丹没有什么标准，她是个传统而又实际的人，对婚姻不抱不切实际的幻想，对男人不抱过高的要求，对人生不抱过于完美的奢望，她觉得两个人只要"对眼"，别的都不重要。

　　后来，丹丹遇到了陈军，陈军长相、工作都很一般，属于那种扎在人堆里就会被淹没的男人，但他们俩都是第一眼就看上了对方，而且彼此都是初恋的对象，于是两个人一路恋爱下去。对此水瑶和雪儿都予以强烈的反对，她们觉得像丹丹这样各方面都难以"出彩"的人，婚姻是她让自己人生辉煌的唯一机会，她不应该草率地对待这个机会。但是丹丹觉得没有人能够知道，漫长的岁月里，自己将会遇见谁，亦不知道谁终将是自己的最爱，只要感觉自己是在爱了，那么就不要放弃。于是丹丹23岁时便与陈军结了婚，25岁时做了妈妈。虽说她每天都过得很舒服、很幸福，但她还是成为了女友们同情的对象，水瑶摇头叹息：花样年华白扔了，可惜呀；雪儿扁着嘴说：为什么不找个更好的？

　　当年的少女被时光消耗成了三个半老徐娘，水瑶众里寻他千百度，无奈那人始终不在灯火阑珊处，只好让闭月羞花之貌空憔悴；而雪儿虽然如愿以偿，嫁给了与自己志趣一致的男士，但无奈两个人总是同在一个屋檐下，却如同两只刺猬般不停地用自己身上的刺去扎对方。遍体鳞伤后，不得不离婚，而在离婚后，除了食物之外她找不到别的安慰，生生将自己昔日的窈窕，变成了今日的肥硕，昔日的才女变成了今日的怨女；只有丹丹事业顺利，家庭和睦，到现在竟美丽晚成，时不时地与女儿一起冒充姐妹花"招摇过市"。

水瑶认为，完美的爱人、浪漫的爱情能使婚姻充满激情、幸福、甜蜜。其实不然，完美的爱人根本就是水中月、镜中花，你找一辈子都找不到，况且即使你找到了自己认为是最美满、最浪漫的爱情之后，一遇到现实的婚姻生活，浪漫的爱情立刻就会溃不成军。因为你喜欢的那个浪漫的人，进了围城之后就再也无法继续浪漫了，这样你会失望，失望到你以为他在欺骗你；而如果那个浪漫的人在围城里继续浪漫下去，那你就得把生活里所有不浪漫的事都担待下来，那样，你会愤怒，你以为是他把你的生活全盘颠覆了。

雪儿自视清高，把精神共鸣和情趣一致作为唯一的择偶条件，她期望组织一个精神生活充实、有较强支撑感的家庭，她希望夫妻之间不仅有共同的理想追求和生活情趣，而且有共同的思想和语言。可是事实证明她错了，她的错误并不在于对对方的学识和情趣提出较高的要求，而在于这种要求有时比较狭窄和单一。实际上，伴侣之间的情趣，并不一定限于相同层次或领域的交流，它的覆盖面是很广泛的，知识、感情、风度、性格、谈吐等都可以产生情趣，其中，情感和理解是两个重要部分。情感是理解的基础，而只有加深理解才能深化彼此间的情感，双方只要具备高度的悟性，生活情趣便会自然而生。

　　丹丹的爱也许有些傻气，但是恰恰是这种随遇而安的爱使她得到了他人难以企及的幸福。爱情中的感觉的确很重要，感觉找对了，就不要考虑太多，不然，会错过好姻缘的。将来的一切其实都是不确定的，不确定的才是富于挑战的，等到确定了，人生可能也就缺少了不确定的精彩了。丹丹很庆幸自己及时把握了自己的感觉，青春的爱情无法承受一丝一毫的算计和心术，上天让丹丹和陈军相遇得很早，但幸福却并没有给他们太少。

　　那些像丹丹一样顺利地建立起家庭的女士，似乎都有一个共同的心理特征，即方圆而为，率性而立，她们敢于决断，不过分挑剔。爱情中的理想化色彩是十分宝贵的，但是理想近乎苛求，标准变成了模式，便容易脱离生活实际，显得虚幻缥缈。

　　现实生活中女人寻找的是"白马王子"，男人寻找的则是才貌双全的"人间尤物"，他们寄予爱情与婚姻太多的浪漫，这种过于理想化的憧憬，使许多人成了爱情与浪漫的俘虏。所以，奉劝那些尚未走进婚姻殿堂的男男女女，爱得实际一点，不要给予爱情太高的期望。

　　珍惜你身边的人，尽管他有着这样或那样的缺点，但他却是最爱你的人，和他在一起你会感到安全和快乐。也许，他不是最好的，但却是最适合你的那个。这，难道还不够吗？

幸福才是爱的精华所在

爱需要挑剔，更需要珍惜。一味寻求浪漫的人，最容易忽略情侣间深沉真挚的爱。

他是个很不错的人，对她也体贴，但是他话不多，也没有幽默感。而她偏偏喜欢日子里充满情趣和浪漫，日子久了，她便觉得他们相处的日子显得沉闷而压抑。她感到不满，对他说：你怎么没一点情调？爱情不应当是这样的。他尴尬地笑笑：我怎么做才能有情调？

后来，她想离开他。他忧伤地问：为什么？她说：我讨厌这种死水般的生活。他问：能不能不走？她说：不可能！他又问：能不能有另外一种可能？如果今晚下雨了，就说明天意留人。她看看阳光灿烂的天空说：如果没有下雨呢？他无奈地说：那我只好听从天意。

到了晚上，她躺下了，但又睡不着，忽然听到窗外哗啦啦的雨滴声，她一惊：真下雨了？她起身走到窗前，窗户上正淌着水，望望夜空，不对呀，正满天繁星，这就怪了。她忙走出门外，爬上楼顶，天啊！他正在楼上一桶一桶地往楼下浇水。她心里一颤，从背后轻轻地把他抱住。

此刻她才发现，他对她的真诚和在乎就是最好的浪漫。

浪漫是爱情的一种调味品，没有人不喜欢浪漫，无论是年轻人还是老年人，无论是富人还是穷人，只是表达的方式各有不同。但浪漫并不是生活的全部，平实的关爱才是最动人的，如果爱是真诚的，那么就不要在乎是平实还是浪漫。

在很多人看来，恋爱和浪漫几乎是等同的两个单词。放眼望去，周围的情侣几乎都有比五花八门的言情小说还要炫目的浪漫体验。似乎每个人的爱情都有特别之处，有的有着奇异的相识经过，有的有着曲折的追求过程，有的沉浸于鲜花、烛光晚餐、小夜曲和郊游的幸福之中。但是大部分人都会觉得自己的恋爱很平庸，即使是那些被羡慕的情侣也不觉得自己有什么特别浪漫之处，这真是件奇怪的事情。

其实恋爱本来就是很平实的东西，有一些浪漫的亮点，但更多的是真实的生活，而你看到的总是别人生活中的亮点，体味的总是自己生活中的平淡。其实浪漫与不浪漫又有什么呢？两个人在一起高兴、愉快是最重要的。

爱情，需要空间和氧气

好的两性关系是有弹性的，彼此既非僵硬的占有，也非软弱的依附。

相爱的人给予对方的最好礼物是自由，两个自由人之间的爱具有必要的张力：它牢固但不板结，缠绵但不黏滞。没有缝隙的爱太可怕了，爱情在其中失去了呼吸的空间，迟早会窒息的。

　　李勇对苗雪是一见钟情，他费了九牛二虎之力才把她追到了手，并娶回了家。他非常珍惜这来之不易的爱情和婚姻，为了让娇妻过得风风光光，他在做生意时更加上心、卖力了。可是让他感到痛苦的是，因为他们各自都要忙自己的事业，所以两人相聚的时间太少了，见不到妻子的时候，李勇的眼前总晃动着苗雪的影子。他担心妻子丰姿绰约，在外面会有许多男人围着她转，所以就动员已经读完研究生的妻子不要再出去工作了，可苗雪说什么也不同意，她觉得自己读了这么多年的书，回家做全职太太就是对知识的浪费，再说作为一个现代女性她要保持自己人格的独立，要有自己的自尊。

　　这样一来，李勇每天都掐准妻子下班的时间，往家里打电话。开始时，妻子还能感受到丈夫的关爱，可时间一长，老是千篇一律那几句肉麻的话，她心里就不舒服了，甚至有点不愿意接电话了。即使接了也有点敷衍了事，当李勇感觉到妻子在敷衍他时，他更怀疑是不是妻子另有所爱了。于是李勇便搞了几次突然袭击：出差回来，事先不打招呼，夜深人静时突然回家。开始，这还给苗雪带来一点惊喜，可他三番五次这样做，弄得她神经都有些紧张。

　　一次，李勇带苗雪出去应酬，大家兴致都很高。不知不觉间几个老板就喝多了，有的就拍着李勇的肩膀开起玩笑："李总，你真有艳福，不过你小子当心点，这么美的妻子光用钱养恐怕不行，小心小白脸把你的美人给勾跑了。"

　　李勇的脸顿时阴沉了下来，尽管苗雪替他打圆场，可他还是不再说话，大家才发现问题的严重性，都灰溜溜地撤席了。不久，单位准备派苗雪到设在另一个城市的分部去工作三个月，李勇开始时不同意，后来见无法阻止妻子，就偷偷到妻子单位去打听同去几个男的。在得知这次没有男的同行后，他才有点放下心来，但是回家后还是对苗雪千嘱咐万叮咛，说社会很复杂，出门后要每天打电话向自己汇报。要格外注意小心，不要太放松自己，不要去参加请客吃饭，不要在节假日出去玩。

妻子刚走两天，他就追到妻子所去的新单位，当他兴冲冲赶到妻子宿舍时，本应下班在宿舍的妻子却不在，一打听是和别人一起看电影去了。他顿时火冒三丈，一直待在单位的大门口等到妻子回来，看到同去的人里并没有男性，他才没有兴师问罪。如此的"抽查"经常发生，连苗雪的新同事都看出了端倪，大家都开玩笑说：她被农民包工头买下了。这让苗雪感到很没面子。再次见面后，她就跟丈夫大吵了一场。

李勇虽然一言不发，任由妻子发泄，但骨子里却更怀疑妻子变心了，他想不通自己到底错在什么地方？作为丈夫，他让她锦衣玉食，更对她百般呵护，至于他有些不放心她，那是爱她的表现。她怎么就不理解呢？

于是他便专门请了私家侦探，跟踪、调查妻子下班后的行动。

妻子回到家里，他又继续请人跟踪妻子，终于有一天，苗雪发现了丈夫的行为。她觉得丈夫给自己的不是爱，而是绳索，于是向法院起诉离婚。

有很多人高喊捍卫爱情纯洁的口号，将爱人紧紧绑在自己的视线之内，唯恐其越雷池半步。用这种方法维持下去的婚姻，好像是把家庭建成了一座不透风的监狱，而爱人就成了囚在狱中、被判了无期徒刑的犯人。人生谁不渴望自由，所以狱中的人总想出逃，这种做法等于是亲手将婚姻和爱情送进了坟墓。

给爱让步，是为幸福开路

导致婚姻失败、爱情终结的常常都不是什么大事，而是一些日常琐碎或小事中的摩擦不和谐。

爱情就像螺丝钉与螺丝帽，生活就是要他们旋转、扭曲到一起，两人的性格、脾气、习惯就像这凹凸有致的纹理。如果一方太强，另一方就会没有过多的能力去承受，导致两者的大小、纹理不同而使恋爱失去平衡。

一次，夫妻俩人决定坐下来好好谈谈。

妻子说："你有多久没有回家吃晚饭了？"

丈夫说："你有多久没有起床做早饭了？"

妻子说："你不回家陪我吃晚饭，我有多寂寞啊。"

丈夫说："你不给我做早饭吃，你知道上午工作时我多没精神。上司已经批评我好几回了。"

"早饭你可以自己弄的啊，每天回来那么晚吵我睡觉，早上我怎么能起得来。你可以不回来陪我吃晚饭，我就可以不给你做早饭。"妻子不高兴地说。

"你知道我一天上班有多辛苦，压力有多大。一个晚饭，自己吃怎么了，难道你还是孩子，要我喂你不成？"丈夫也没有好气地说。

妻子抱怨说："你总是喝得烂醉而归，有多久没有谈过心，多久没有帮我做家务了。"

丈夫也不甘示弱地说："你知道你做的饭有多难吃，洗的衣服也不是很干净，花钱像流水，有多久没有去看我的父母了……"

就这样，夫妻俩人你一句我一句地互不相让，最后竟翻出了结婚证要去离婚。

在去街道办事处的路上，他们遇见了一对老夫妇正相互搀扶慢慢地走着，老婆婆不时掏出手帕给老公公擦额头上的汗，老公公怕老婆婆累，自己提着一大兜菜。这对年轻夫妇看到这个情景，想起了结婚时的誓言："执子之手，与子偕老。休戚与共，相互包容。"可是现在竟然……

于是他们开始互相检讨。丈夫说："亲爱的，我真的很想回家陪你吃饭，可是我实在工作太忙，常常应酬，并不是故意忽略你啊。"

妻子不好意思地说："老公，我也不对，不应该那么小气，你在外面工作挣钱不容易，早上我不应该赖床不起的。"

"早饭我可以自己热，每天回家那么晚一定吵你睡不好觉，你应该多睡会儿的。"丈夫忙说。"刚才在家我不应该那么凶地和你说话，我知道自己身上有很多毛病……"

妻子也忙检讨自己……

就这样，这场离婚风波平息了。从这之后，夫妻俩变得互敬互爱，彼此宽容忍让，更多地为对方着想，幸福恩爱。

给爱让步，就是为幸福开路！当你的爱情因琐碎的细节亮起红灯时，你不妨试着放下架子让一步，幸福或许就站在对面等着你开启感情的绿灯。

治疗爱情的创伤唯有加倍去爱

恋爱中培养出的感情，总是会被现实的生活消磨得面目全非，这是因为恋爱与现实生活的具体、琐碎是没法联系到一起的。

而婚姻则相反，它很少和浪漫联系在一起，倒是和柴米油盐、吃饭、睡觉等如影随形。如果我们不学会从生活中寻找情趣，那爱情就真的很难天长地久。

烦琐的家物事、日益增长的家庭开销，很大程度上会影响夫妻双方的心情。婚前的种种憧憬与婚后的现实生活相差甚远，爱情在承受着从浪漫到现实的考验，久而久之，必然会令夫妻双方感到疲惫。这是不争的事实。

有一位朋友，在婚姻经历了一番波折之后，透过对一只碗的思考，找到了夫妻相处的真谛，这很值得我们借鉴。

这位朋友 25 岁之前根本不知道洗碗是什么滋味，他与碗的交流是在结婚以后。

他不喜欢洗碗，他的爱人当然也不喜欢。所以往往是吃过饭以后，一堆油腻的碗盘摞在水池中。为了使生活能够继续下去，他们想了很多洗碗的方式：比如他做饭，她洗碗，下一顿再换过来；再比如用剪子石头布的游戏来确定谁的运气更好。寒冷的冬天，冰冷的凉水，输的那个人只好一边唱着"北风那个吹"，一边把碗从水中捞出来、洗干净。

整日围着锅碗瓢盆勺筷叉、柴米油盐酱醋茶过日子，忽然就有了种不好玩的感觉。慢慢地，两人有了争吵，有了对对方的不满。此时他再看几年前那个小鸟依人的女子，如今更多的则是满眼的幽怨，那双青葱似的手不知什么时候也变得粗糙不堪了。终于有一天，在互不相让的争执中，他挥手砸碎了手中的饭碗，碎片四溅，接着，她呜呜地哭了起来。

也许他并不知道，他所摔碎的不仅是一只碗，更是两人亲密无间的感情。从此以后，二人之间忽然变得生疏了很多，连说话都是小心翼翼的。

后来因为工作繁忙，他很少在家吃饭，她也图省事，往往是在楼下小餐饮店里随便吃一些。家里的厨房忽然就冷清起来，那些碗也不再盛满美食，它们被遗弃了。没有了洗碗的争执，他们之间说话的时间也越来越少，很多时候，都各自待在网络上和别人说话。

日子就这样一天天过着，突然有一天，他发现妻子像一朵行将枯萎的花一样光泽黯然，眼中更多了几丝疲倦。到医院检查，医生说是极度贫血，需要慢慢补养才行。

看着妻子暗黄的小脸，他的心里陡然生出许多不忍，于是买来红枣、莲子、薏米，照着食谱给她熬粥喝。她执意和他共用一只碗，一人一口地喝粥……在他的呵护下，她的脸渐渐开始有了红晕，他们也仿佛回到了初恋的时光。

以后的日子，他和妻子争着洗碗，一只只碗在手中沐浴而出时，他们都能感觉到温暖在心底悄悄涌动，感觉到那种平淡而又深切的爱。此时，阳光不经意地照进厨房，他忽然发现，日子就在这碗里面，他们的生活和爱也在这碗里面。在尘世里洗刷每一只碗，其实是在清洗蒙在爱情上的灰尘。

他忍不住把碗揽在了胸前，想起洗碗的母亲，想起共用一只碗的爱人，心中有阵阵暖流流淌。此时的他已明白，爱的表达方式有很多种，有时候，真的只是抢着洗一只碗。

婚姻是这样一种奇怪的事物，它使得两个本来陌生的人凝聚在了一起，彼此磨合着原本独具个性的棱角，可是又总会被彼此的棱角给刺伤。也许，新婚的日子是浪漫甜蜜的，如同早春的蓓蕾，总有初绽的欣喜。但岁月就像一把手术刀，一点点剥裂了光鲜的外衣，露出了真实的疤痕，剥掉了往日的温存与激情，带来了争执、冷战与猜忌。

也许当初，我们看多了艺术作品中童话般的爱情，对爱情给予了过高的期望，然而婚姻的实质就是柴米油盐酱醋茶，就是踏踏实实过日子，这一点，希望新婚中的朋友们能够尽快懂得。当我们步入婚姻的殿堂以后，就应该学会理解与包容，多站在对方的角度上看问题，方能使得夫妻关系粘如蜜糖、坚如磐石。

爱情保鲜，让幸福不走调

爱情不是传说，是生活，需要两个人用心去体验、去感觉，才能酿造出美丽的幸福。

爱情像极了一株极品兰花，不是栽进婚姻的花盆中就万事大吉，它还需要夫妻双方为它浇水、施肥、修剪枝叶，这样它才能保持最初的鲜艳与芬芳。

安塞姆坐在一家小吃店里自斟自饮。忽然进来一位女士，侍者请她在邻桌就座。她大约快 40 岁了，从侧面看轮廓清秀，线条优美，穿着简洁大方。

安塞姆在另一张桌旁还发现一个 40 多岁的男人。这个男人冲她微笑着，她也以笑回敬。

一会儿，男人起身走了出去。片刻而归，回到原座，手中添了一束兰花。他在一张菜单上写了几笔，然后交给侍者，侍者将菜单与兰花一并送到那位女士面前，女士看过菜单微微点头。男人随即离座移步过来："十分感谢您能允许我与您同坐一桌，独自一人实在无聊。"接着，安塞姆又听到："我在城里经常见到您，但不知如何接近。"女士听后友好地对他报以微笑。侍者送来了葡萄酒，就听男人说："今天喝葡萄酒是再合适不过了，来，为我们的相识干杯！"

安塞姆要走了，结账时侍者悄悄地告诉他："他们这样已好久了，每年 3 月的傍晚总是男的先来，女的后到，总要同一张桌子，多少年来一直如此。有一次我问那位教授先生为何要这样做，他回答说，'我们想保持年轻。'"

"那位女士是谁呢？"安塞姆问侍者。

"他的妻子。"侍者微笑着回答道。

如果我们都以初相识的心情对待爱人，珍惜每天在一起的幸福生活，悉心地对待家人，努力制造爱的氛围，就会永远享受到爱情的甜蜜。

对于相爱的男女来说，在激情飞跃的碰撞之后，婚姻就会质朴得如同一位村姑。人们常常以"平平淡淡才是真"为借口，逃避对长久拥有的那份感情的麻木和粗糙。却不明白，如果我们用心去经营、用心去表达，那在我们掌心和胸口的爱情怎么会变得越来越冷淡呢？

我们不能总是消极地过着婚姻生活，这样我们只会感到单调烦躁，而是应该以积极的姿态去面对生活，挖掘生活的乐趣，这样才能使婚姻更幸福，让日子永保新鲜。

其实，只要用心去经营，婚姻是可以保鲜的，爱情是可以永存的。你应该看到过这样的老人，他们手拉着手在夕阳中漫步，你能说他们之间已经没有了爱情？对于婚姻的维护，就是希望我们每个人都能掌握好经营爱情的策略，这样爱情就会像一坛美酒，在岁月的洗礼下越来越醇，越积越香。

如果可以，给爱一次机会

人非圣贤，孰能无过？

如果爱人背叛了你，请千万不要在最生气的时候做出决定，那样做你一定会后悔的。夫妻是百年的缘分，如果有可能，还是尽量维护婚姻的完整吧！

给对方一次机会，也是在给自己一次机会。如果确信对方还值得你爱，就放他一马，而他也多半会用更多更忠诚的爱来回报你。

卢卡斯是个小有名气的作家，卢卡斯太太是负责在打字机上打印丈夫定期在《里昂晚报》上发表的短篇小说。然后把稿纸誊清，封装好，再寄出去。这份工作足以使她想到自己是丈夫的一个合作者。

可是卢卡斯太太万万没有想到，一个刚刚离婚的女人最近居然把她的老公卢卡斯迷得昏头昏脑。她叫卡戴珊，人长得漂亮，把卢卡斯降服了。有一天，卡戴珊竟然要求跟卢卡斯结婚。

卢卡斯必须先离婚。"唔，这件事应该容易办到。结婚已经整整20年，大概妻子不再爱我了，分开可能不会痛苦。"想法不错。可是一个性格腼腆的丈夫该怎样摊牌呢？

卢卡斯想出了一个新鲜法子。他编了一个故事，把自己与太太的现实处境转托成两个虚构人物的历史。为了能被妻子领悟，他还着意引用了他们夫妇间以往生活中若干特有的细节。在故事结尾，他让那对夫妻分开了，并特意说明，既然妻子对丈夫已经没有了爱情，就一滴眼泪也没有流地走开了，以后隐居南方的森林小屋，有足够的收入，悠闲自得地消磨幸福的时光……

他把这份手稿交给妻子打印时，心里不免有些不安。晚上回到家里时，心里嘀咕妻子会怎样接待他。"亲爱的，我希望我不在家时你没有过于烦闷，是吧？"话里带着几分犹豫。

她却像平常一样安详："没有。家里有这么多事情要做呐。但看到你回来，我还是很高兴的……"

难道她没有看懂？卢卡斯猜测，兴许她把打印的事安排到了明天。然而，一询问，原来已经打印好了，并经仔细校对后寄往《里昂晚报》编辑部了。

她为什么不吭声？她的沉默不可理解！"显然，她是个性格内向的人，可是她该看得懂的……"

故事在报上发表后，卢卡斯才算打开了闷葫芦。原来，妻子把故事的结局改了：既然丈夫提出了这个要求，夫妻俩最终还是离了婚。可是，那位在结婚23年之后依然保持着自己纯真的爱情的妻子，却在前往南方的森林小屋途中抑郁而死了。

这就是回答！

卢卡斯震惊了，忏悔了。当天就和那个不知底细的女人来了个一刀两断。但是，如同妻子不向他说明曾经同他进行过一次未经相商的合作一样，他也永远没有向她承认自己看过她的新结论。

"亲爱的，我希望我不在家时你没有过于烦闷，是吧？"卢卡斯回到家里时问道，不过比往常更加温柔。

"没有。家里有这么多事情要做呐。但看到你回来，我还是很高兴的。"妻子一边回答，一边向他伸出手臂。

丘吉尔说："世界上有两种事情无法逆转：一堵倒向自己的墙壁和一个倒向别人怀抱的恋人。"许多人为他的深刻见地和精妙语言所叹服。然而要记住：不要因为轻信了这句名言，而在生活中放弃了应有的努力。不到最后关头，不要轻易放弃努力，对事业如此，对婚姻也是如此。

Chapter

04

欲望在左，
底线在右

　　引诱肉体的是金钱和奢望，吸引灵魂的是知识和理智。人的欲望，不可不有，却也不可太重。欲望使人产生动力，然而太重了，就会令人膨胀，最终不可抑制地走向灭亡。

欲念越深，快乐越少

A姑娘问闺蜜："为什么我一直感觉不到快乐呢？你看，研也读上了，如意郎君也找到了，爸妈身体也很健康。为什么我总是还觉得缺点什么呢？"

闺蜜问："你现在是不是觉得钱再多一点就好了？"

答："是。"

又问："你们夫妻是不是经常在一起琢磨，以后要买套海景房，买辆敞篷跑车？"

答："是。"

再问："你是不是经常担心老公在外面拈花惹草，即使是很正常的异性接触，你也会心生醋意？"

还是答："是。"

闺蜜最后说："那么，等你们有了票子、车子、房子、孩子以后，还是感觉不到快乐。因为你们还想要更好的房子、车子，还是会担心对方有外遇，你们还希望孩子能考上名牌大学出人头地。人，永远不会知足。"

是的，人永远不会知足，也不该彻底知足，否则人生会停滞，但我们对欲望应该有所控制。

我们的生活就好像是一杯白开水：一开始，杯子里的水清澈透明，不仅没有颜色，而且没有味道。这对于任何人来说都是一样的，在接下来的时间里，我们就可以任意地加糖、加盐，只要你喜欢。于是，便有许多人无谓地往杯子里面添加各种作料，直到杯子里面的水已经溢了出来，然而到了最后，喝到嘴里的水却总是会带有一种苦涩的味道。

那时他还年轻，凡事都有可能，世界就在他的面前。

一个清晨，上帝来到他的身边："你有什么心愿吗？说出来，我都可以为你实现，你是我的宠儿。但要记住，你只能说一个。"

"可是，"他不甘心："我有许多心愿啊。"

上帝摇了摇头："世间美好的东西实在太多，但生命有限，没有人可以得到全部，有选择就要有放弃。来吧，慎重地选择，让自己永不后悔。"

他惊讶："我会后悔吗？"

上帝说："这没人知道。选择爱情就要忍受情感的煎熬；选择智慧就意味着孤独和寂寞；选择财富就有钱财带来的烦恼……这世上有太多的人在选择一条路以后，懊悔自己没有走另一条路。再仔细想想，你这一生真正想要的到底是什么？"

他想了又想，所有的渴望都纷沓而至，在他的周围飞舞——哪一件是不能舍弃的呢？最后，他对上帝说："让我想想，让我再想想。"

上帝应允："但是要快一点啊，我的孩子。"

此后，他一直在不断地比较和权衡，他用生命中一半时间来列表，用另一半的时间再来撕毁这张表，因为他总是会发现自己有所遗漏。

一天又一天，一年又一年，他不再年轻，他老了、更老了。上帝又来到他的面前："我的孩子，你还没有决定心愿吗？可你的生命只剩下 5 分钟了。"

"什么？"他惊叫道，"这么多年，我没有享受过爱情的快乐，没有积累过财富，没有得到过智慧，我想要的一切都没有得到。上帝啊，你怎么能在这个时候带走我的生命呢？"

5 分钟后，无论他怎么痛哭求情，上帝还是满脸无奈地带走了他。

在世上有很多人，他们的一生都是在思索、选择中度过，而不是确切地去执行某一个目标。人生无处不在选择，既然无法拥有一切，那就会有取有舍；若要贪全，恐怕最后只能是一无所得。

其实就算是你可以拥有整个世界，你一天也不过是吃三餐。这就是人生思索之后的一种醒悟，谁懂得其中的含义，谁就会过得轻松、活得自在。知足常乐，睡得安稳，走路自然也就会踏实，回首往事也就不会存在遗憾了。

所以，不论是喜欢一样东西也好，或者是喜欢一个位置也好，与其让自己负累，倒不如轻松去面对，无论是放弃或者是离开，都会让你学会平静的接受，而不是懊恼。人生是非常短暂的，我们纵然身在陋巷，也应享受每一刻美好的时光。

人生清欢是看淡

聪明人，三分流水二分尘，不会把所有的事探究个一清二楚。水至清则无鱼，人至清则无朋。跟家人计较，你赢了，亲情却没了；跟爱人计较，你赢了，感情也淡了；跟朋友计较，你赢了，情义却丢了。你虽然争出了道理，却输掉了感情，伤的又是自己。

有这样一对朋友，丈夫是政府里一个不大不小的官员，妻子是一家国有工厂的工人。丈夫业余时间喜欢动动笔杆子写点东西，或捧着一本书读得津津有味；妻子漂亮热情，业余时间喜欢去舞厅跳跳舞。

起初，丈夫硬着头皮陪妻子去舞厅，但那种灯红酒绿的生活令他眩晕。他怀着厌烦的情绪劝导妻子不要再去那种地方，妻子却反驳道："如果我不让你看书，不让你写作，你愿意吗？"

丈夫哑口无言。妻子带着胜利的微笑轻松地哼着小曲继续去舞厅跳舞了，房间里只留下妻子身上那种醉人的香水味道。丈夫愣愣地坐在沙发上，一支接一支地吸着香烟。他觉得妻子的理由是靠不住的：读书写字，乃文人雅趣，格调高雅，能陶冶人的情操。但幽暗放荡的舞厅，都是三教九流的闲人，有很多是穷得只剩下光棍一人，在那里一起疯狂地摇摆，哪能与读书吟诗的雅事相提并论。

以前，家里的"财政大权"无须商量，自然牢牢地掌握在妻子手中，丈夫在劝妻子戒舞失败后，决心"冻结"妻子的经济来源。开始，他不再将自己的工资交给妻子，认为妻子微薄的工资一定供不起她每日去舞厅、经常换舞鞋以及购买高档化妆品，结果他发现妻子几乎把自己的工资全部花在了跳舞上。妻子每天玩得高高兴兴，回到家中嘴里还哼着轻快的舞曲，于是，他只好另想办法。

他首先从妻子的屋中搬了出来，每日和妻子"横眉冷对"，接着，又将一切家务一分为二，列出清单放到妻子的床头。饭自然由妻子来做，衣服自然由妻子来洗，孩子自然由妻子来照顾，哪怕妻子由于工作忙而没时间洗碗，他也绝不动一指头。因为那是"和约"上写明的，各司其职，绝不互相干涉。帮忙，岂不也是"干涉"的一种？经济上，他的工资现在是分文不交妻子，甚至到妻子的单位，利用他的"领导"身份，将妻子的工资事先领走。妻子找他理论，他却振振有词："以前家中财政大权由你掌握，我说过什么吗？现在由我来管，有什么不可以？"妻子竟也无言以对。

于是，妻子也采取"冷战"政策，丈夫的衣服不洗，丈夫的饭不给做，丈夫的东西全被扔到"丈夫的房间"里，孩子，每人带一天，谁也不肯让步。总之，整个家似乎被分成了互不相融的两部分。

最后，妻子干脆辞掉了厂里的工作，自己去租了一组柜台卖服装。由于眼光敏锐，有胆有识，竟然干得有声有色，不久便自己开了一家时装店，办起了公司，财源滚滚而来，远非她昔日那点工资可比。"家"变得名存实亡，在她的心中留下了很深的阴影，她决定提出离婚。丈夫起初不同意，并以孩子可怜为由，试图留住妻子，但妻子去意已决，不可动摇。

"我们现在这样生活与离了婚有什么两样？不同吃，不同住，互不干涉'内政'、'外交'，我们跟两个没有任何关系的人有什么区别？缺的只是那一纸离婚证书。"丈夫冷静地想了又想，觉得妻子说得确实有道理，便同意离婚，一个原本很温馨很美满的小家庭就这样解散了。

人生的路，总有几道弯，几道沟，几道坎；生活的味，总有几分苦，几分辣，几分酸。有些人，看不透就睁只眼闭只眼，有些事，看不惯就索性独善其身，有些理，想不通就顺其自然。过日子，最舒适的还是平淡快乐，读懂了岁月，品透了是非，你会发现，人生清欢是看淡。

因为知足，所以常乐

曾经一度热播的电视剧《我的青春谁做主》当中有一段台词深深地打动了人们："你知道蚂蚁的幸福是什么？""知道，胃口小，不贪婪。我们知足，别人吃一碗都不饱，我们有一粒儿就乐半年。"这就是钱小样的幸福观。这个背着米老鼠背包、梳着两条发辫的钱小样在荧屏上飞扬洒脱，感动了无数的人。是啊，知足者常乐，知足者才能够体会到当下的幸福。在这短暂的生命里，何必为了追求一些得不到的东西，而舍弃当下的幸福呢？

美国心理学家在 1992 年巴塞罗那奥运会田径比赛场上，用摄像机拍摄了20名银牌获得者和15名铜牌获得者的情绪反应。心理学家们研究发现，在冲刺之后和在颁奖台上，第三名看上去反而比第二名更高兴。

研究人员对这一现象进行了分析，最后得出的结论是：因为铜牌获得者通常对自己的期望值并不是很高，获得铜牌也许就是他为自己制定的目标，也许是他根本没有期望获得多么好的成绩，不管怎样都是一个惊喜，所以已经很高兴了；而银牌获得者的目标通常可能就是金牌，没有夺冠当然就会觉得多少有一些遗憾、有一点难过。

而事实也正是如此，每当记者在领奖之后采访获奖运动员的时候，许多亚军几乎都会说，本来有希望成为冠军的。但是季军获得者却会因为自己已经闯入了前三名而感到很知足。其实，我们每个人都应该懂得知足，给自己正确定位目标，才能够成为主宰自己情绪的人。你站在什么位置上看问题，决定了你的人生态度。不要为自己不能够实现的愿望而灰心，甚至丧失了坚持的勇气。循序渐进地看问题，没有什么能够成为阻挡你快乐成功的绊脚石。

所以，我们不要去追求那些得不到的东西，不要制定一些不符合实际情况的目标。如果你的成绩不及格，那么请先把目标定到及格上，而不是满分。只有懂得知足才能够享受到当下生活的乐趣。

有一头驴子，它的生活非常安逸，主人是一个布商，从来不让它干重活，只是偶尔去城里上货的时候让它驮着并不沉重的布匹走几趟。每次当主人不在家的时候，它就可以由小主人带着去山上吃草、散步。

有一天，小主人由于贪玩，于是就让驴子自己吃草，他跑到山下和小朋友们玩耍去了。驴子这个时候已经厌倦了脚下的草地。它举目望去，啊，山那边有好多草啊。于是它兴奋地跑了过去，可是发现要过好几个坡才能到，但是又为了那新鲜肥美的草，它坚持跑到了山顶。

这个时候驴子已经很饿了，而且跑得筋疲力尽。它刚要俯下身子去吃草，突然就发现对面山上有一片更肥更鲜美的草地，于是它放弃了眼前的美味，开始继续向那片草地跑去，还没有跑到目的地，驴子就倒在了地上。

这头可怜的驴子，总是这山望着那山高，结果就白白断送了自己的性命。不知道你有没有觉得这头驴特别傻呢？有没有审视过自己：有的时候我们是不是也像那头驴一样，这山望着那山高、永远不知道满足呢？

学会知足，这是对人性的修炼。学会它，人生的道路上就会充满阳光，什么时候都生活在温暖中，惬意将是整个人生的主要背景，而人生就是一曲欢快、热情而奔放的交响乐。

得不到的，未必就好

我们对于得不到的东西，往往总是认为它是美好的，总是把它想象成尽善尽美的东西。

殊不知，得不到的东西并不像我们想象当中那样的美好。我们以为它们是美好的，只是因为在我们的思想里面常常有某种欲望，当这种欲望不能够得到满足的时候，就加倍地渴望，甚至是把它视为完美的梦想，刺激我们去征服。

有一个小学老师，一直以来都过着普普通通、安分守己的日子。有一天，一位从来也没有听说过的远房亲戚在国外死去了，临终竟然指定他为遗产继承人。

那份遗产是一个价值万金的高档服饰商店。这位老师欣喜若狂，开始忙碌着为出国做各种准备。等到一切准备就绪，即将动身，他又得到通知，一场大火烧毁了那个商店，服饰也全部变为了灰烬。

这位老师空欢喜了一场，重新返回到学校上班。他似乎也变成了另外一个人，整日愁眉不展，逢人便诉说自己的不幸："那可是一笔很大的财产啊，我一辈子的工资还不及它的零头呢。"

"你不是和从前一样，什么也没有丢失吗？"他的一个同事问道。

"这么一大笔财产，怎么能够说什么也没有失去呢？"老师心疼得叫起来。

"在一个你从来都没有到过的地方，有一个你从来都没有见过的商店遭了火灾，这与你有什么关系呢？"那个同事劝他看开些。

可是不久之后，这位小学老师还是得了抑郁症去世了。

如果小学老师真的得到了那个高档服饰店，他也不至于因此而丧命。在他没有得到的时候，他总是想象拥有了那个高档服装店之后的生活会是多么的完美无缺、多么的幸福快乐，于是在这种想象当中就被折磨而死了。如果他换一种心态，不对那个高档服饰店过于期盼的话，也许就不至于落得如此悲惨的下场。

其实，如果一味地贪恋从来没有拥有过的东西，那么也会让自己被那些无谓的占有欲弄得闷闷不乐。未曾拥有的东西终究是虚无缥缈的，没有它，一样可以安安心心地生活下去，甚至会生活得更轻松、更美好。

一个男孩曾经爱上了一个女孩，他想尽办法讨女孩子的欢心。他认为这个女孩子是他心目当中的神，她天使一般地温柔、漂亮、体贴、可爱。他总是千方百计地打听女孩的喜好，尽量满足她的需求，每天都是这样，不辞劳苦。

可是，女孩的心里已经有了别的男孩，就一直没有答应他，一次次地拒绝他。越是这样，男孩就越把她想象得更加美好，摆出一副非她不娶的架势。

终于，男孩子用了半年的时间追上了那个女孩。这个时候，女孩处于刚刚失恋的状态。男孩和女孩相处的时候，才发现女孩并没有他想象中的那么完美。

交往之后，他才发现女孩睡觉的时候习惯打呼噜，男孩很是不悦。

终于有一天，女孩如母老虎般地对男孩子大发脾气，男孩也下定决心要离开她。他实在不能忍受她的种种毛病，他想，外表看上去如此完美的女孩子，怎么会是这样的呢？

于是男孩子长叹一声，说："真是想象欺骗了我啊。"

有些东西当我们得不到的时候，总是会对其充满了幻想；等我们得到之后，很容易就发现了它的缺点，然后自然也就失去了兴趣。我们的心态往往就是这样，喜欢费尽心思去追求不属于自己的东西；真的得到了，就会放在眼前不屑一顾了；等失去了再去后悔，那个时候就太晚了。

在得不到的时候总是喜欢朝思暮想，这是所有人的通病。不要被镜中月、水中花的假象所迷惑，一定要真真实实地生活。对于得与失过于斤斤计较，就会使生活变得枯燥无味。

将欲望控制在合理处

一个人如果欲望太多，他就会变得贪婪，他所受到的限制就越大；一个人的欲望越少，他就会越自由、越幸福。一个永不知足的人是无法感受到幸福的。

人，饥而欲食，渴而欲饮，寒而欲衣，劳而欲息。幸福与人的基本生存需要是不可分离的。人们在现实中感受或意识到的幸福，通常表现为自身需要的满足状态。人的生存和发展的需要得到了满足，便会产生内在的幸福感。幸福感是一种心满意足的状态，植根于人的需求对象的土壤里。

然而，很多人总是希望自己拥有得再多一些，却从来没有满足的时候。民间流传着一首《十不足诗》："终日奔忙为了饥，才得饱食又思衣。冬穿绫罗夏穿纱，堂前缺少美貌妻。娶下三妻并四妾，又怕无官受人欺。四品三品嫌官小，又想面南做皇帝。一朝登了金銮殿，却慕神仙下象棋。洞宾与他把棋下，又问哪有上天梯。若非此人大限到，上到九天还嫌低。"这首诗对那些贪心不足者的恶性发展写得淋漓尽致。物欲太盛造成的灵魂变态就是永不知足：没有家产想家产，有了家产想当官，当了小官想大官，当了大官想成仙……精神上永无宁静，永无快乐。

在陕西南部山区有一位还未脱贫的农民，他常年住的是漆黑的窑洞，顿顿吃的都是玉米、土豆，家里最值钱的东西就是一个盛面的柜子。可他整天无忧无虑，早上唱着山歌去干活，太阳落山又唱着山歌走回家。别人都不明白，他整天乐什么呢？

他说："我渴了有水喝，饿了有饭吃，夏天住在窑洞里不用电扇，冬天热乎乎的炕头胜过暖气，日子过得美极了！"

这位农民虽然物质上并不富裕，但他却由衷地感到幸福。这是因为他没有太多的欲望，从不为自己欠缺的东西而苦恼的缘故。

与这个农民相反的是一个卖服装的商人。这个商人有很多钱，但他却终日愁眉不展，每晚睡不好觉。细心的妻子对丈夫的郁闷看在眼里，急在心上，她不忍丈夫这样被烦恼折磨，就建议他去找心理医生看看，于是他决定前往医院去看心理医生。

医生见他双眼布满血丝，便问他："怎么了，是不是受失眠所苦？"服装商人说："是呀，真叫人痛苦不堪。"心理医生开导他说："别急，这不是什么大毛病！你回去后如果睡不着就数数绵羊吧！"服装商人道谢后离去了。

一个星期之后，他又出现在心理医生的诊室里。他双眼又红又肿，精神更加颓丧了，心理医生非常吃惊地说："你是照我的话去做的吗？"服装商人委屈地回答说："当然是啊，还数到三万多只呢！"心理医生又问："数了这么多，难道还没有一点睡意？"服装商人答："本来是困极了，但一想到三万多只绵羊有多少毛呀，不剪岂不可惜？"心理医生于是说："那剪完不就可以睡了？"服装商人叹了口气说："但头疼的问题又来了，这三万只羊的羊毛所制成的毛衣，现在要去哪儿找买主呀？一想到这儿，我就睡不着了！"

这个服装商人就是生活中高压人群的真实写照，他们被种种欲望驱赶着跑来跑去，疲乏至极。每天睁开眼睛想到的就是金钱，闭上眼睛又谋划着权力，日复一日，年复一年，这样的人怎么会享受到幸福呢？

有些欲望是自然而必要的，但有些欲望是非自然而不必要的，前者包括面包和水，后者就是指权势欲和金钱欲等。人不可能彻底抛弃名利，完全满足于清淡的生活，但对那些不必要的欲望，至少应当有所节制。懂得知足，节制欲望，就不会坠入欲海之中不能自拔。

有多大脚，就穿多大的鞋

有的时候放弃并不意味着失败，而是对生命的过滤，对心灵的洗礼，对自己的重新认识。在我们的一生当中，需要完成的事情有很多，但是我们的精力毕竟是有限的，当面临一些选择的时候，就应该学会放弃。人生不仅要有所为，也要有所不为。而只有当我们舍弃了一些东西之后，我们的精力才能够更集中于必要的事情上。

在有"中国鞋王"之称的奥康集团内部流传着这样一个故事：在2005年第一季度工作总结报告会上，轮到公司事业部某经理汇报了，该经理兴致勃勃地讲道："一季度原计划开店70家，最终开店110家，超额完成了任务。"总裁王振滔听着听着皱起了眉头。"这叫严重超标，是很不好的工作习惯，"总裁直言不讳。原以为会得到表扬，换来的却是批评，事业部经理很委屈。他想不通，为什么这么好的成绩却遭到责备。正欲争辩，王振滔迅速接上刚才的话茬，语重心长地说："你想想，你超标那么多，你的管理、物流和人员跟得上吗？如果不能保证质量，不仅不会形成有效的市场规模和效益，反而打乱了原有的平衡，捡了芝麻丢了西瓜。盲目开店的结果只会是开一家、死一家，做了无用功。

"这就好比一对夫妇原来只计划要一个孩子，可却生了三胞胎，对他们来说这绝对是件哭笑不得的事，家里一下子变成了 5 口人，人多是热闹了，但抚养不起啊。"善于打比方的王振滔循循善诱。"记住，合适才是最好的！"总裁最后强调。

合适的才是最好的，做什么事情都一样，多大的脚穿多大的鞋，小脚穿大鞋走起路来肯定不方便。什么都不舍得丢掉，结果可能什么都做不好。

有的时候，选择放弃恰恰是为了更好地获得——当我们放弃了手中的玫瑰，我们才能够去摘取娇艳的牡丹；当我们倒掉了杯中剩余的水之后，我们才能够盛入更多的新水；当我们舍弃了心中的烦恼的时候，我们才能为快乐腾出心灵的空间。现代社会竞争如此激烈，我们只有舍弃糟粕，才能够获得精华，更好地显示出自己的价值。

金钱的利与弊

这个世界上，80% 的幸福与金钱无关，80% 的痛苦却与金钱息息相关。

有一位叫拉希德的作家就曾思考过财富带给自己的烦恼。几年前他买了一片小树林，然而时间一久，问题便出现了：财富影响了他的生活。他需要改变这种状况，他开始冥想，结果发现：

1. 小树林在他心里经常沉甸甸的。它给了他权威，却拿走了欢乐。因为这笔财产给他带来了麻烦和不便，就好比家具需要除尘，除尘又需要佣人，佣人又需要提供房屋住所等等。这些事情让他在准备赴宴或者到河里游泳之前，左思右想，不能决定去还是不去，原本的好心情随之荡然无存。

2. 他觉得小树林应该再大一些，好容纳快乐高飞的小鸟。可他没有能力买下邻居所拥有的林边田野，也不愿强占豪夺。这种种限制使他心烦意乱。

3. 财产使拥有者感到应该用它做一些事情，比如砍倒树木或在树缝中栽上新树。这些奇怪的想法很折磨人，使他无法享受小树林的趣味。

4. 常有经过的人采挖林中的黑刺莓、毛地黄和蘑菇。他感慨："上帝啊，我的小树林到底属不属于我？如果它属于我，我能阻止别人在树林里散步吗？"

他最后写道：可能最终我会像某些人一样，用墙将林子围起来，用栅栏把众人挡开，直到我能真正享用小树林。而那样的话，我可能慢慢会变得身体肥胖、贪得无厌、貌似强大而却自私透顶——我也会整夜"求一合眼不得"！

这就是财富对于人性可能产生的影响，就如华智仁波切所说的那样："有一片茶叶，就会有一片茶叶的痛苦；有一匹马，就会有一匹马的痛苦。"有钱固然是好，但是大量的财富却是桎梏。如果你认为金钱是万能的，你很快就会发现自己已经陷入痛苦之中。

当然，我们也不能把所有的罪恶和痛苦都归罪于金钱。客观地说，金钱，它既不是善也不是恶，既不是美也不是丑，它的确会给人们带来痛苦，但也不能因此就全盘否定它所带来的快乐，关键要看人们怎样去看待它。遗憾的是，在这个时代，大多数人并不能以平常心去对待金钱。其实金钱，原本就只是生活中的一件工具而已！可时至今日，人们却让它"咸鱼翻了身"！让它掌握了主动权，让它改变了选择，甚至改变了人生。

如今，坊间流传着一句话："钱不是万能的，但没钱是万万不能的！"我们看看，这句话的前半句只用了一个"万"字，后半句却是一个叠词——"万万"，足以见得"钱"在人们心中的分量有多重。更可悲的是，若照此发展下去，恐怕我们亦要将前半句中的那个"不"字抹去了！不是有人曾经说过吗："宁可坐在宝马车里哭，也不坐在自行车后笑！"这样的人，可以为钱出卖欢乐、出卖感情、出卖幸福，甚至是出卖忠诚、出卖自己，那么对于他们而言，还有什么是金钱买不来的？

这样的人，我们能说他富有吗？或许他们的外表很光鲜，但他们的心灵无疑是贫瘠的。他们自以为拥有了财富，其实是被财富所拥有。这不能怪罪于金钱，钱不是罪恶的根源，向往富足的生活也无可厚非，我们之中又有谁不希望自己吃得好、穿得好、住得好呢？但这种欲望应该有个限度，你不能得陇望蜀，一山望着一山高，心里就只装着"金钱"二字，这未免太过贪婪。亦如小仲马在《茶花女》中说的那样："钱财是好奴仆、坏主人。"如果把金钱视为奴仆，有也可以、没有也可以，多也可以、少也可以，人就会活得非常轻松自在；可是如果被金钱所奴役，明明已经衣食无忧，却仍不知满足、欲壑难填，就永远也得不到满足的快乐。

其实金钱，它只有在使用时才会产生价值，假如放着不用，它就根本毫无意义可言。如果看不明白这一点，一股脑地钻进钱眼里，那就等于把自己的人生卖给了金钱，从此一切以钱马首是瞻，其他尽可抛弃，那么到了最后，我们或许就要抱着钞票孤独终老了。

对于真正会享受生活的人来说，任何不需要的东西都是多余的，他们不会让自己去背负这样一个沉重的包袱。而我们，如果想要活得健康一点儿、自在一点儿，任何多余的东西也都必须舍弃。金钱对某些人来说，可能很重要，但对于懂生活的人来说，一点也不重要，因为它不可能买到世间的一切。

别让金钱成了"心病"

生命的悲哀不在于贫穷，而在于贫穷时所表露的卑微，在于因为物质而变得无知，从而失去存在的价值感和方向感。所以，我们要随时检点自己的心灵，找到灵魂深处的闪光之处，别让它的灵光为物质所蒙蔽。

生活中常见有一些人：过去穷的时候，看见富人便心里泛酸，乃至对于富人阶层或富人个体的致富手段的合法性、依法纳税等操守，一直持有怀疑和否定的态度；而一旦自己有了钱或者突然发了财，又变成了另一副嘴脸，可能是趾高气昂，可能是耀武扬威，也可能是患得患失……这样的人，真的是把金钱看得太重了，以至于认为金钱就是衡量一切的标准，心态已经到了严重失衡的地步。

赵本山老师曾在2003年春晚通过小品《心病》，深刻讽刺了物质水平提升后现代人的心理问题，当时我们捧腹大笑，感到十分滑稽。但就是这种滑稽的事情，在现实生活中也时有发生。

据某报报道，江苏宿迁一位李姓男士花2元钱买福利彩票，中了1254万元的大奖。因为过度兴奋、紧张，他竟三天三夜不吃不喝不眠，还吓得去医院输了三天液。领奖时，他浑身颤抖，藏有中奖彩票的塑料袋密封条居然多次无法打开，甚至无法在完税单上签上自己的名字。

当意外之财到来时，他欣喜之余有了更多的担忧。彩票不计名、不挂失，存放彩票就成了大问题，彩票被他先后藏在家中的鞋柜、橱柜、冰箱、抽屉、衣柜、书橱等地，而且不停地变换。这位先生到了南京住进宾馆以后，如何保管彩票又让他烦恼无比，于是出现了让人无法理解的一幕：他去钟表店买了10个密封钟表零件的防水塑料袋，给中奖彩票穿上了6层"保护衣"。确认完全防水以后，将彩票放进了抽水马桶里面，还每隔10分钟去查看一次彩票的安全。直到领奖时，他还是不放心，对工作人员说："你们一定要保密啊，一定要保证我的安全！"

中奖后的李先生几乎疯掉，这"天大的惊喜"他也不敢告诉妻子："因为妻子有心脏病，怕太激动会出事。"有了自己的"深刻教训"，李先生说自己先告诉妻子中了50万元，让她高兴一阵子后，再交出50万元，直到完全接受中大奖的事实。

李先生夫妇的事让人看了难免想笑，但笑过之后我们不妨客观地问问自己：倘若让"我"遇到了这等好事，又会怎样？会不会像《心病》中赵本山饰演的赵大宝一样，表面上对物质持一种超然的态度，实际上看得比人家还重？

买彩票中奖的概率本来就低，而中 1254 万元的大奖更是微乎其微。这位先生本来就不是一个富有的人，财富来得太突然，不仅没有带来欣喜，反而成为精神上的巨大负担。

我们一再强调，财富和金钱需要有，但不能为之癫狂。在金钱面前应保持一种淡定的姿态，你淡定了，就不会为它所左右，做出种种滑稽甚至是糊涂的事来。

的确，在我们今天的这个社会里，要冷静而坦然地面对身边的名利确实很难，一般人都无法在心理上达到平衡。其实，与充斥铜臭气味的生活相比，平淡与清贫不存在真正意义上的缺失和悬殊。在俄国诗人涅克拉索夫的长诗《在俄罗斯谁能快乐而自由》中，诗人找遍俄罗斯，最终找到的快乐人，竟是枕锄瞌睡的普通农夫。是的，这位农夫有强壮的身体，能吃、能喝、能睡，从他打瞌睡的倦态以及打呼噜的声音中，流露出由衷的开心和自在。这位农夫为什么能如此开心？因为他不为金钱所累，把生活的标准定得很低。可见，"一个人的快乐与否，绝不依据获得了或是丧失了什么，而只能在于自身感觉怎样。"

为了生存和生活，人们需要赚取金钱，创造财富。但是，当金钱积累到一定程度，超过了自身的需求，情况便不同了。善于运用，会使人生更幸福，不会把握，就会变成一种负担，一种拖累。别让金钱成了心病，丧失了享受幸福的机会。

赚钱到底是为了什么

我们总是认为必须有钱才能享受生活，事实上享受生活只和你的心态有关，和你的金钱并没有太大的关系。

在一个美丽的海滩上，有一位不知从哪儿来的老翁，每天坐在固定的一块礁石上垂钓。无论运气怎样，钓多钓少，两小时的时间一到，便收起钓具，扬长而去。

老人的古怪行为引起了一位小伙子的好奇。一次，这位小伙子忍不住问："当您运气好的时候，为什么不一鼓作气地钓上一天？这样一来，就可以满载而归了！"

"钓那么多的鱼用来干什么？"老者平淡地反问。

"可以卖钱呀！"小伙子觉得老者傻得可爱。

"得了钱用来干什么？"老者仍平淡地问。

"你可以买一张网，捕更多的鱼，卖更多的钱。"小伙子迫不及待地说。

"卖更多的钱又干什么？"老者还是那副无所谓的神态。

"买一条渔船，出海捕更多的鱼，再赚更多的钱。"小伙子继续回答。

"赚了钱再干什么？"老者仍是显出无所谓的样子。

"组织一支船队，捕更多的鱼赚更多的钱。"小伙子心里直笑老者的愚钝不化。

"赚了更多的钱再干什么？"老者已准备收竿了。

"开一家远洋公司，不光捕鱼，而且运货，浩浩荡荡地出入世界各大港口，赚更多更多的钱。"小伙子眉飞色舞地描述道。

"赚更多更多钱还干什么？"老者的口吻已经明显地带着嘲弄的意味。

小伙子被这位老者激怒了，没想到自己反倒成了被问者。"您不赚钱又干什么？"他反击道。

老人笑了："我每天只钓两小时的鱼，其余的时间，我可以看看朝霞，欣赏落日，种种花草、蔬菜，会会亲戚朋友，很开心很快乐，更多的钱对于我有何用？"说话间，已打点行装走远了。

抛弃了功利的思想，悠闲自在地在沙滩上垂钓，不用为钱耗费心力，不用与人钩心斗角，这是一种多么令人神往的人生境界啊！然而在生活中，很多人还是认为只有自己挣到了足够的钱，才能不再为钱忧心，自在地享受生活了，然而真的是这样吗？

雷先生是一个成功的商人，家有娇妻爱子，汽车洋房，还有令人羡慕的事业。人人都说雷先生实在太幸运、太幸福了，但雷先生却总觉得自己活得很累：从早到晚应酬不断，私底下恨不得将对方赶尽杀绝，表面上却还得跟对方称兄道弟，推杯换盏；生意场上费尽心力，明争暗斗，没完没了；公司里忙忙碌碌，事无大小都得亲力亲为……更可气的是回到家里妻子和孩子还不理解他，妻子指责他冷落了自己，孩子埋怨他不带自己出去玩。雷先生也一肚子火：自己在外这样拼死拼活，还不都是为了多赚点钱，让一家人生活得更幸福，怎么一片好心倒落了一身埋怨呢？这不，为了工作他决定将已经一再推迟的家庭旅游计划再推迟一段时间，这个决定惹恼了妻子，两人大吵一架后，妻子带着孩子回娘家了，留下雷先生一个人在家喝闷酒：我到底哪儿做错了？

雷先生显然错解了幸福的含义，他似乎认为拥有的金钱越多，生活就越幸福。他也总在想：等我拥有足够的金钱以后，我就可以放下一切，自由地享受生活。然而金钱的诱惑似乎常常与手头拥有的数目直接成正比例：你拥有越多，你越想要。同时，每一元钱的增量价值，似乎与实际价值成反比例：你拥有越多，你需要越多。金钱能够买到舒适，促进个人的自由。但一旦钻到钱眼里，金钱就会束缚个人的自由。因此，雷先生如果不改变心态，那么即使拥有更多的钱，他也仍旧无法为自己和家人带来快乐。

亚里士多德曾这样描写那些富人们："他们生活的整个想法，是他们应该不断增加他们的金钱，或者无论如何不损失它。"一个美好的生活必不可缺的是财富数目，财富数目是没有限制的。但是，一旦你进入物质财富领域，很容易迷失你的方向。

银行家弗兰克说："虽然我拥有超过200万英镑的财产，但我感到压力很大，我不能在每年15万英镑的基本收入的基础上使收支相抵。我想也许我正在失控，我总是苦于奔波，但我还是错过了好多机会。当我不得不做决定时，我感到好像有人把他的拳头塞进了我的肠子里。午夜时，我会爬起来开始翻报表，我只是想让我平静下来。我无法睡觉，无法停下来。然而我还是不能取得进步。"

很明显，在弗兰克看来，他所取得的一切都没什么意义，他真的相信，当他达到他的金融目标时，他将感觉像一位国王。金钱已成为他的自尊和支柱，一种对人的价值的替代之物。他意识到金钱本身绝不可能让他幸福，并且一直到他重新界定他的价值和他的优先考虑事项为止，弗兰克将继续在成功的边缘摇摆不定，将他的家庭和他的健康置于危险之中。

迷恋金钱有多种表现方式，弗兰克只是其中一种。然而，有一条把所有这些情况贯穿起来的共同线索，就是金钱作为美好生活的手段的价值消失了，金钱本身成了一种目的。当它被置于爱情、信任、家庭、健康和个人幸福之上时，它总是倾向于腐烂。

拼搏的灵魂也要修整

那些完不成的极限、遥不可及的梦想，就像是自己的影子：看起来虽然伸手可及，追起来就等于折磨自己。

在我国东北地区的深山老林里，流传着这样一种说法：老虎是兽中之王，不过要论力气，它不如黑瞎子（狗熊）大。狗熊的生命力特别顽强，而且皮糙肉厚，一般的攻击根本伤不了它。可是，每当山里面虎熊相斗，总是老虎得胜，为什么呢？

狗熊和老虎都是身高力大的猛兽，它们一旦打起来，就可能会持续几天几夜。老虎要是打累了、打饿了，或是战况不利，就会撤出战场，先到别处捕猎吃。等到吃饱喝足，歇过劲儿来，回来再找狗熊打。狗熊就不一样了，一旦开打，就不吃、不喝、不休息，老虎跑了它就打扫战场，碗口粗的树连根拔出来扔到一边，等着老虎回来接着打。时间长了，狗熊终究有筋疲力尽的时候，所以最后总是老虎打败狗熊。

老虎和狗熊打架的故事告诉我们，做事情不能追求一竿子插到底，一口气把所有问题解决。不肯放松自己，在坚强上进的表面下，就会隐藏着偏执与自我压抑的危机，导致身心不健康。过于苛求自己的人，压力显然要比一般人大，内心显然要比一般人更焦虑，身心也就更容易不堪重负。这样的朋友应该有意识地给自己放放假，如果长期处在这种状态下，情绪得不到缓解，就很容易走上极端。不少人年纪轻轻就患上各种心身疾病，比如抑郁症等，就是过于苛求自己的结果。

人生是个漫长的旅程，是马拉松长跑，而不是百米冲刺。唯有张弛有度，才能持之以恒，把热情和精力保持到最后。这就像我们吃饭，如果每顿饭只吃同一样东西，那么再好吃也会令我们反胃；同理，如果神经一直紧绷着，就算我们是铁人，也会有崩溃的一天。先贤们倡导的"持之以恒""坚持到底"，并不是要我们耗尽最后一分精力和热情，而是鼓励我们屡败屡战、锲而不舍。这其中的差别大家要想明白。

英语民谚："只工作，不玩耍，聪明孩子也变傻。"那种把工作当成一切、一直工作不放松的人，我们称他们为"工作狂"。工作狂之所以把自己完全泡在工作里，不是因为他们热爱工作，更不能表明他们很有毅力。事实正好相反，工作狂往往都是意志软弱的人。他们因为无法应付生活中的多种挑战，采取了逃避的办法，把自己埋在工作当中。所以，工作狂可能在工作上表现突出，但他们的生活却很少有能称心如意的。

真正有理智、有毅力的人，绝不会是能抓紧而不能放松的人。他们有自信，所以能暂时放下心头的负担，去享受生活的乐趣；他们有智慧，懂得磨刀不误砍柴工的道理；他们有毅力，放松但不放纵。他们在奋斗拼搏和放松享受之间出入自由，游刃有余。

花点时间疼爱你身边的人

人生只有三天：活在昨天的人迷惑，活在明天的人等待，只有活在今天的人最踏实。但是，今天，你别走得太快，否则，将会错过一路的好风景！

现代人看起来实在太忙了，许多人在这忙碌的世界上过活，手脚不停，一刻不得空闲，生命一直在往前赶。他们没有时间停一停，看一看，结果，使这原本丰富美丽的世界变得空无一物，只剩下分秒的匆忙、紧张和一生的奔波、劳累。

一天，一位年轻有为的总裁，以比较快的车速，开着他新买的车经过住宅区的巷道。他时刻小心在路边游戏的孩子会突然跑到路中央，所以当他觉得小孩子快跑出来时，就及时减慢车速，以免撞人。

就在他的车经过一群小朋友身边的时候，一个小朋友丢了一块砖头打到了他的车门，他很生气地踩了刹车后并退到砖头丢出来的地方。他跳出车，用力地抓住那个丢砖头的小孩，并把他顶在车门上说："你为什么这样做，你知道你刚刚做了什么吗？真是个可恶的家伙！"接着又吼道："你知不知道你要赔多少钱来修理这辆新车，你到底为什么要这样做？"

小孩子央求着说："先生，对不起，我不知道我还能怎么办？我丢砖块是因为没有人肯把车子停下来。"他边说边流下了眼泪。

他接着说："因为我哥哥从轮椅上掉了下来，我一个人没有办法把他抬回去。您可以帮我把他抬回去吗？他受伤了，而且他太重了我抱不动。"

这些话让这位年轻有为的总裁深受触动，他抱起男孩受伤的哥哥，帮他坐回轮椅。并拿出手帕擦拭他哥哥的伤口，以确定他哥哥没有什么大问题。

那个小男孩万分感激地说："谢谢您，先生，上帝会保佑您的！"

年轻的总裁慢慢地、慢慢地走回车上，他决定不修它了。他要让那个凹坑时时提醒自己："不要等周遭的人丢砖块过来时，才注意到生命的脚步已走得太快。"

当生命想与你的心灵窃窃私语时，若你没有时间，你应该有两种选择：倾听你心灵的声音或让砖头来砸你、提醒你！

有一位老人，年轻的时候汲汲营营，每天都工作超时，拼命地赚钱。

节假日，同事们带孩子度假，他却到小贩朋友的店铺帮忙，以赚取额外收入。原本计划在还完房屋贷款后，便带孩子们到邻近的泰国玩玩。可是，三个孩子慢慢长大，学费、生活费也越来越高。于是他更不敢随意花钱，便搁下游玩一事。

大儿子大学毕业典礼后一个星期，夫妻俩打算到日本去探亲。可是，在起程前两天的早晨，醒来时，他突然发现枕边的老伴心脏病发作，一命归天了。这时他才意识到，原来生命比金钱重要太多。

这是怎样的遗憾？你是否也因为生活太快、大忙碌而忽略了你所爱的人呢？

其实，人不是赛场上的马，只懂得戴着眼罩拼命往前跑，除了终点的白线之外，什么都看不见。我们不必把每天的时间都安排得紧紧的，应该留下些空闲来欣赏四周的风景，来关心身边的人。

快乐就是珍惜"我所有"

你是否还在看轻你的所有呢？因为你已经拥有了才不会珍惜，总觉得美好的东西在别处。放弃这种想法吧，其实你所拥有的就是世界上最好的东西。

有一个青年很不快乐，终日郁郁寡欢。一天，他去拜见一位智者以讨求快乐良方。智者说，只有世界上你认为最好的东西才能使你快乐。于是他决定去寻找世界上最好的东西。

他收拾行装，辞别妻儿老小，踏上了漫漫旅途。

第一天，他遇见了一位政客，他问："先生，您知道世界上最好的东西是什么吗？"政客立刻回答说："世界上最好的东西嘛，当然是至高无上的权力。"他想了想，觉得权力对自己并没有多大的诱惑力。于是他又去寻找。

第二天，他遇到了一个在墙角晒太阳的乞丐，他问："你知道世界上最好的东西是什么吗？"乞丐眯着眼睛，懒洋洋地说："最好的东西？就是色香味俱全的美味佳肴呀。"他想了想，自己对食物并没有太多的渴望，所以也不认为那是世界上最好的东西。

第三天，他遇见了一个漂亮的女人，他问："你知道世上最好的东西是什么吗？"女人兴高采烈地脱口而出："当然是法国巴黎的高档、漂亮的时装了！"他觉得自己对时装也不感兴趣。

第四天，他遇见了一位重病的人，他问："你知道世界上最好的东西是什么吗？"病人恹恹地说："那还用问吗？是健康的体魄。"这个人想，健康怎么会是最好的东西呢？我拥有它，但是我不认为它就是世界上最好的东西。

第五天，他遇见了一个在阳光下玩耍的孩子，他问："小朋友，你知道世界上最好的东西是什么吗？"

孩子天真地说："是好多好多的玩具啊！"这个人摇了摇头，继续去寻找世界上最好的东西。

接着他又先后遇到了一个老妇人、一个商人、一个囚犯、一个母亲和一个年轻的小伙子。

老妇人告诉他："年轻是世界上最好的东西。"

商人说："利润是世界上最好的东西。"

囚犯说："自由自在是世界上最好的东西。"

母亲说："我的宝贝孩子是世上最好的东西。"

年轻的小伙子说："我爱过一个姑娘，她的甜蜜的吻是世上最好的东西。"

可是，没有一个回答令他满意。

他继续走啊走啊。最后，他穿过川流不息、熙熙攘攘的人群，带着五花八门的"答案"又回到了智者那里。

智者见他回来了，似乎知道了他的遭遇和失望。于是微笑着说："先不要去追究你的问题，它永远不会有一个确切而唯一的答案。你现在考虑这样一个问题——把你自己最喜欢的东西找出来、告诉我。"

可是这个人经过长途跋涉，已是饥寒交迫、满面尘灰。他想了一会儿，对智者说："我出门很多天了，我想念我亲爱的妻子和可爱的孩子，想念一家人冬夜里围着火炉谈笑聊天的情景……"说到这里，他不由得感叹："这就是我现在最喜欢的东西啊！"

智者拍了拍他的肩，说："回去吧！你最好的东西在你的家里，它们可以使你快乐起来。"

这个人不甘心，疑惑地问："可我就是从那里走出来的啊？"

智者笑了，说："你出来之前，不知道自己喜欢什么东西；但你出来之后——比如现在，你已经知道了自己喜欢什么样的东西了。"

无论如何，不要让自己的心灵被已失去的或得不到的东西所左右，那只会让你越来越疲惫，而且在追逐的过程中你反而会失去现在所拥有的一些东西。还是珍惜眼前实实在在的生活和你所拥有的一切吧！

Chapter 05

痛苦在左，
快乐在右

　　一切痛苦本质上都是对自己懦弱无能的表现，在灵魂坚强有力的感召下必定会悄悄退隐。而幸福是灵魂的一种香味，是一颗歌唱的心的和声。痛苦或者欢乐，很大程度上取决于灵魂的宽窄。

忧伤的旋律从来都不美

人的一生不可能永远快乐，也找不到永远的快乐，可也不能一如既往地忧伤。

幸福是游移不定的，上苍并没有让它永驻人间。世界上的一切都瞬息万变，不可能寻求到一种永恒。环顾四周，万变皆生。我们自己也处于变化之中，今日所爱所慕到明朝也荡然无存。因此，要想在今生今世追寻到至极的幸福，无异于空想。

"永远快乐"这句话，不但渺茫得不能实现，并且荒谬得不能成立。快乐决不会永久；我们说永远快乐，正好像说四方的圆形、静止的动作同样地自相矛盾。在高兴的时候，我们的生命加添了迅速，增进了油滑。像浮士德那样，我们空对瞬息即逝的时间喊着说："逗留一会儿吧！你太美了！"那有什么用？人生的问题，就在这里——你所留恋的，总是走得很快；留恋着不肯快走的，偏是你所不留恋的东西。

人生，没有永远的快乐，也没有永远的忧伤。煎熬，无论好与不好，都是平等的。我们不可能一帆风顺，完美无瑕，总会经历我们的春夏秋冬，有开心，有失落，有挫折，有成功。

对于快乐，我们希望它来，希望它留，希望它再来——这三句话概括了整个人类努力的历史。然而我们甘愿受骗，甚至希望死后可以有个天堂，那里有永远的快乐。这样说来，人生虽然有痛苦，但并不悲伤，因为它始终有快乐的希望。快活虽然不能持久，但我们仍然能活得有滋有味，因为我们生活不只是为了快活，还有理想和希望。

诗人食指在《相信未来》中这样写道：当蜘蛛网无情地查封了我的炉台，当灰烬的余烟叹息着贫困的悲哀，我依然固执地铺平失望的灰烬，用美丽的雪花写下：相信未来！

他相信未来，相信命运会给他一个客观的回答，而事实上，多年后生活给了命运多舛的他一个原本属于他的未来。

虽然徐志摩离开很多年了，但他充满浪漫想象和唯美意境的诗文却一直留在人们心里。他在"康桥"求学，写下《再别康桥》；在佛罗伦萨的街巷里散步，创作了《翡冷翠的一夜》；去日本游历，写出《沙扬娜拉》……徐志摩的诗之所以让很多人喜欢，是因为他擅长细腻的心理捕捉、缠绵的情感刻画，表达对爱情、自由、美的追求。很多时候，因为经历了恋爱的破灭，或是追求的理想终不能实现，他的诗歌便用舒缓轻柔的调子，流露出一种惆怅伤感的情绪，让每每读到诗歌的读者心里也多了一丝悲凉的气息。

或许是因为这些承载伤感的诗句写得多了，连徐志摩自己也说过这样的话："生活不是林黛玉，不会因为忧伤而风情万种。"

对于现实生活而言，快乐不是它的全部，忧伤也不是它的全部。如今，有不少人喜欢在微博上写伤感的句子，有些人是表达一时的心境，更多人则是在玩弄文字，让人读起来觉得他们多悲凉或是很有"文艺范儿"。其实，他们并不知道，那些把悲伤渲染得无以复加的句子，大多数人看了之后只是陪着你悲伤一时，回到各自的现实生活中之后，就会把它们忘得一干二净，可那些伤感的痕迹，却让你自己沉浸在忧郁中不能自拔。

然而，我们这个世界，从不会给一个伤心的落伍者颁发奖牌。

人生的意义在于化苦为甜

无论你多么不愿意，人生之路就摆在那里，布满了坎坷和荆棘，生活的味道必然是酸甜苦辣一应俱全，这一切都需要你去跨越。我们每越过一条沟坎就是一种人生，所经历的挫折、磨难、困惑就是人生的过程。人生百味，缺少哪一种味道都不完整，每一种味道我们都要亲自去品尝，没人可以替代。

其实人生的苦味甚至更多过于甜味，一个人的降生便是从痛苦开始的，而一个人生命的结束，多少也带着些许痛苦。人这一生，就是不断与痛苦抗争的过程，人生的意义，就在于从与痛苦的抗争中创造价值。

高中时，他不满老师的管教并多次和老师发生冲突。他曾不学无术而被称为混世魔王。性格叛逆的他高中没有毕业就选择了辍学。

19岁那年，他进入父亲的食品厂担任总经理一职。但他念书甚少且缺乏管理经验，始终没法看懂损益表。那天，他刚到财务室门口就听到有人小声议论说："全靠他父亲，连损益表都看不懂还当总经理。"他脸上瞬间火辣辣的，本想发火冲进去大骂一通，但转念一想，也对，谁叫自己没真才实学呢？转身离开时，他暗下决心：总有一天得让他们心服口服。接下来，他一边学习业务管理，一边着手食品厂的战略转型。他决定加工生产"浪味鱿鱼丝"转做内销。

　　然而，天不遂人愿。转做内销仅一年，他竟赔了一亿台币。他落下了"败家子"的恶名。不久，他便患上了抑郁症，总觉得人们常在背后指指点点。他常爬上高高的楼顶，幻想着纵身跃下。每当这时，父亲总会忧心忡忡地对他说："儿子，留得青山在，不怕没柴烧啊！人生路上，哪有不遇到挫折的呢？"看着父亲头上的缕缕白发，苦不堪言的他终又走下楼来。在父母的耐心劝导下，他慢慢地走出了轻生的阴影。

　　经过三年的市场调研，他发现台湾稻米资源严重过剩，做日本米果生意将有很大的发展空间。于是，他满怀信心地来到了日本的米果加工厂，恳切地提出合作的愿望。打量着眼前这位毛头小伙，64岁的桢计作社长连连摆手说："谢谢您的信任，我们现在不想跟别人合作。"他深知，这是老社长的委婉拒绝，怕自己坏了他们的名声。程门立雪，只为东山再起。1991年冬天的一个中午，他提着水果再次出现在老社长办公室门前。恰在这时，一位工作人员从桢计作社长那儿出来。工作人员告诉他说，老社长刚刚午睡，估计一时半会儿不会醒。有事的话可以帮他转告。他道过谢，便在门外的凳子上坐了下来。白雪在院落纷纷扬扬，让人不由得打了个冷战。瑟缩发抖中挨到下午，桢计作社长的门开了。了解到他为拜访自己而在门外等候了将近三个小时，桢计作脸露愧色地说："小伙子，看来你很执着！合作后，我只希望你认真对待自己的事业……"回过神来，他高兴地说："老师傅，谢谢您的信任。只要你能给我一个机会，我一定不会辜负您的希望。"他谦虚谨慎而又信心十足。这次，他终于获得米果制造的技术。在创业的道路上，他不断努力兢兢业业。他的公司迅速成为台湾米果市场的龙头老大。不久，他又把米果市场瞄准大陆。

他觉得大陆市场具有很大的发展潜力。经过多方努力，他进驻大陆并成为湖南首家台企。一天，他参加了郑州糖酒会并幸运地收到300多份订单，他感到前途一片大好。可让他没想到的是，手握这么多订单却没有一个经销商前来交钱提货。他深感迷茫。而更糟糕的是，按照订单生产出来的米果眼看就要过保质期了。

无心的举动，却带来意外的惊喜。为了避免浪费，他把米果食品免费分发给了急匆匆回家吃饭的学生。他一边分发还一边配上自创的广告词，"旺旺，你旺我旺大家旺"。他声情并茂的吆喝声立即引来了无数学生，没多久，他所带的食品就被分发一空。人们了解情况后都说，这真是一个疯子。然而，他并没有就此收手，而是将这种免费扩展到南京、长沙、广州等地。结果，孩子们都吃的非常开心，记住并爱上了旺旺米果。

看到孩子们吃得有滋有味，他脸上露出前所未有的笑容。经过策划，他在食品包装上贴上可爱的旺仔贴画，打出生动形象的"你旺我旺大家旺"的经典广告词。最终，投产当年他就得到了2.5亿元人民币的高额回报。

他叫蔡衍明，现任旺旺集团的董事长。如今，"旺旺"成了中国家喻户晓的食品品牌，也成了许多人美好的童年回忆。而它的主人蔡衍明，历经磨难后一跃成为休闲食品大王，并荣获"2013年中国最佳CEO"称号。

在财富论坛上，蔡衍明曾说："我并没有什么成功秘诀，要说有那就一句话：'如果上帝给了你一个酸柠檬，那你千万别泄气，得想办法把它变成一杯可口的柠檬汁！'"对于我们来说又何尝不是如此呢？当你拥有把苦难变成甜蜜般的毅力和勇气时，成功离你还很远吗？

成长的过程，必然要伴随着一些阵痛，这是高大和健壮的前奏。在这个过程中，或者经历过一些挫折或者百转千回又或者惊心动魄，最终总会让你明白一个事实——所有的锻炼不过是再次呈现我们还没学会的功课。所以说我们要学着与痛苦共舞，这样我们才能看清造成痛苦来源的本质，明白内在真相。更重要的是，它能让我们学到该学的功课。

心情的颜色就是灵魂的颜色

一个人因为发生的事情所受到的伤害，往往不如他对这个事情的看法更严重。事情本身不重要，重要的是人对这件事情的态度。态度变了，事情就变了。

邻居张大爷说过这样一件事：

张大爷一直对占卜之术颇为着迷，退休以后便在街边支起了一个卦摊，借以打发时间。

一天，街上走过一个中年妇女，大概四十岁左右的模样，衣衫褴褛，面色憔悴。

"女士，占一卦吧！算算命运前程。"张大爷开始招揽生意。

女人明显打了个激灵："不，不行，我绝不能算卦！"

"为什么？"张大爷当时很是奇怪——见过不少不信占卜之术的，但从没见过说自己不能占卦的。

"二十年前，就因为一个占卦的说我一生走背运，我的噩梦便开始了。当时，我正处在热恋之中，因为害怕连累对方，所以无奈地逃离了他。后来，在家人的催促之下，我嫁给了现在的丈夫——一个又穷又丑的男人。没想到他竟然对我呼来喝去，甚至还打过我，老天对我真是太不公平了！"

原来她是信命的。张大爷灵机一动，说道："其实老天对每个人都是公平的，你倒霉了二十年，一定是前世欠下的宿债。来，把手给我，我帮你看看这债何时能够还清吧。"

"是这样吗？还能还清吗？"女人犹犹豫豫地伸出手。

"天啊，他是怎么占的！"张大爷故作惊讶地大叫："你的命不错啊！四十岁以后，你的宿债就还清了，你就该转运了！他怎么说你一生都走背运呢？真是个外行！"

"真的吗？"女人眼中露出欣喜的光芒。"我今年正好四十，是不是明年开始就会走好运了？"

"一定的，我研究手相有几十年了，肯定不会看错。"

……

几个月以后，女人又来到了张大爷的卦摊："老先生，谢谢您，您算的真是太准了！我感觉现在的生活比以前好了很多。"

　　张大爷说，她那时确实好了很多，衣装整齐，面带笑容，看上去似乎年轻了十岁……

　　生活如一杯白开水，放点盐，它就是咸的，加点糖，它就是甜的，生活的质量是靠心情去调剂的。

　　同样的大观园，刘姥姥开心，林妹妹伤心；同样的圆月，李白对月独酌，杜甫怀古伤今；同样的大江，苏轼高歌风流人物，李后主却愁绪万千……心情的颜色，影响着你世界的颜色。

　　锻造一份好的心情是对人生最好的赠予。每当我们感到悲伤时，不要一味诉苦，试着把你的心态放开，试着想象，那容纳痛苦和烦恼的不是一杯水，而是一个湖，这样你会发现生活是如此美好。

你心若盛开，蝴蝶自然来

　　心若不死，烈火烧过青草地，看看又是一年春风。但有一个至关重要的因素是，当春风再来的时候，你扬起的，是怎样的一张面孔。

　　贝贝上个星期与久别的姐姐见了面。这次相聚对她来说，有惊，有喜。贝贝与姐姐自幼亲密无间，后来各自嫁人，贝贝来到北京，而姐姐随着姐夫去了国外，自此见面极少，平时只是在电话里、在网络上，相互表达关心和思念。两年前，贝贝的姐姐遭遇了丈夫外遇、离婚、争孩子、争财产等一系列狗血得如同电视剧般的变故，然后患病卧床了半年，但她从来不愿同贝贝多说，几次通话，她只字不提，贝贝也不便多问。

见面之前，贝贝心里忐忑不安，害怕看见姐姐那张美丽的脸被怨恨扭曲，害怕看见曾经那么鲜活明艳的生命被生活侵蚀得满目疮痍。

但当贝贝见到姐姐的那一刻，心中的担忧随即烟消云散。四十余岁的姐姐，妆容精致，眼神明亮，体态轻盈，着一身休闲便装，长发随意地披散在脑后，与她现在的男朋友十指紧扣，笑语盈盈，缓缓而来。

贝贝衷心地为姐姐感到高兴，这种高兴掺杂了太多的难以形容。

因为这样甜美的场景，似乎只能发生在情窦初开的少女身上，她们未经世事，所以她们美好如花，澄净如水。但是现在，她是一个被丈夫无情抛弃，曾在仇恨与痛苦中难以自拔的女人。大家都以为她会凋谢，她会沉没，然而，她从最黑暗的地方穿越而来，依然明艳如花。

试想一下，此时的她，如果面容憔悴，目光呆滞，身材走样，恐怕也没办法与身边的人形成这样一道美丽的风景。然而这些都不是最重要的，最重要的是，如果她的体内是一个饱经摧残后狼狈不堪的灵魂，或者有一个看透世俗红尘、恨透了生活，不想再结婚的扭曲人格，即使她保养得再好，身姿婀娜，风韵荡漾，她也享受不到这份"等到风景都看透，一起看溪水长流"的美好。

就这样，一个四十多岁的女人，经历了人生那么残酷的变故，却再一次像少女一样恋爱了。她，重新活了过来。然而生活中，别说四十多岁，就连很多刚满三十岁的女人，都已经面目全非，心如老妪。

生活中的大事小情，耗光了她们的耐心；人生中的种种无奈，剥夺了她们的笑颜。曾经的如花美眷，终没能敌过似水流年，当年温柔甜美的小女孩，变成了"内忧外患"、一脸颓废的躁妇人；曾经纯美善良的女人变得尖酸刻薄、狭隘自私。

自然也有一些女子，她们把生活的磨砺沉淀成人生智慧，不管尘世几许苦难，不管几经岁月雕琢，她们依旧一脸柔和，秋波似水。她们不是没有遭受过伤害，但对人性依然充满信任；她们不是没有饱尝苦难，但对生活依然热情。她们在职场英姿飒爽，也会把生活经营得有滋有味；她们待人接物高雅大方，就算对自己最亲近的人，也不会如倒垃圾般口无遮拦；她们与孩子平等交流，也与爱人恬静相守。

她们就是这样一种美好的存在。这种美好，无关年龄。如何选择，只在于心。

尽量让自己含着微笑去生活

尽量含着微笑生活，我们就会成为情绪的主人，而不受外界事物的影响。

每天，你都能选择是去享受你的生命，还是憎恨它。这是唯一一件真正属于你的权利，没有人能够控制或夺去的东西，就是你的态度。如果你能时时注意这件事实，你生命中的其他事情都会变得容易许多。

卡特是个不同寻常的人。那是因为他的心情总是很好，而且对事物总是有正面的看法。

当有人问他近况如何时，他总会答："我快乐无比。"

他是个饭店经理，却是个独特的经理。因为他换过几个饭店，而有几个饭店侍应生总会跟着他跳槽。他天生就是个鼓舞者。

如果哪个雇员心情不好，卡特就会告诉他怎样去看待事物的正面。

这样的生活态度实在让人好奇，终于有一天，有人对卡特说："这很难办到！一个人不可能总是看着事情的光明面，你又是怎样做到的呢？"

卡特回答："每天早上我一醒来就对自己说，卡特，你今天有两种选择，你可以选择心情愉快，也可以选择心情不好——我选择心情愉快；每次有坏事发生时，我可以选择成为一个受害者，也可以选择从中学些东西——我选择从中学习；每次有人跑来向我诉苦或抱怨时，我可以选择接受他们的抱怨，也可以选择指出事情的正面——我选择后者。"

"是！你说得对！可是没有那么容易做到吧？"

"就是那么容易！"卡特答道。"人生就是选择，当你把无聊的东西全部剔除之后，每一种处境就只有一个选择。你可以选择如何去应对各种处境、你可以选择别人的态度如何影响你的情绪、你可以选择心情舒畅或是糟糕透顶，总之，选择的权利在你。"

几年后，卡特出事了：一天早上，他忘记了关家中的后门，被三个持枪歹徒拦住。歹徒对他开了枪。幸运的是，发现得早，卡特被送进了急诊室。经过 18 个小时的抢救和几个星期的精心治疗，卡特出院了，只是仍有小部分弹片留在他的体内。

6 个月后，一位朋友见到了卡特，当问及他的近况时，卡特回答："我快乐无比，想不想看看我的伤疤？"

　　朋友趋身去看卡特的伤疤，又问他当强盗来时他都在想些什么。

　　"第一件是——我应该关后门。"卡特答道。"当我躺在地上时，我告诉自己有两个选择：一个是死，一个是活——我选择了活。"

　　"你不害怕吗？你有没有失去知觉？"朋友问道。

　　"医护人员都很好，他们不断告诉我，我会好的。但当他们把我推进急诊室后，我看到他们脸上的表情，从他们的眼神中，我读到了'他是个死人'。我知道我需要采取一些行动了。"

　　"你采取了什么行动？"朋友马上追问。

　　"有个身强力壮的护士大声问我问题，她问我有没有对什么东西过敏。我马上回答'有的'。这时，所有的医生、护士都停下来等着我说下去。我深深吸了一口气，然后大吼道：'子弹！'在一片大笑声中，我又说——我选择活下去，请把我当活人来医，而不是死人。"

　　自从人具有了生命，便有了自己的人生。对于许多人来说，人生将是一个曲折而又漫长的过程。由于存在着许多难以预料的问题，而使人有困惑和茫然的感觉。然而夜虽黑，皓月之下终会有一方净土。尽管我们还会遇到种种困难，各式麻烦，还需要付出奋斗和艰辛，然而有了乐观的心态，便会使紧张忧郁的心情得以减少，得以放松。

　　人生，过的其实就是心情；生活，活的其实就是心态。心态好，凡事看开些，事事往好处想，快乐就不会离你太远；心态不好，事事计较，患得患失，纵使好运连连，也会过得痛苦不堪。

别让阴影阴暗了灵魂

人生的一切变化，一切魅力，一切美，都由光明和阴影构成。光明与阴影相互交融，光明背面是阴影，而阴影尽头有光明。

一个人，如果一辈子都走不出阴影，伴随一生的就是噩梦，谁的心遮住了阳光，阴影便和谁狭路相逢。

可还记得写下"我有一所房子，面朝大海，春暖花开"这一绝妙诗句的天才诗人海子？为何一个才华横溢、享有盛名的天才会选择卧轨自杀？或许，因为他没有悟透光明与阴影，只看到了社会的阴影，放大了阴暗，所以，他把自己与这个世界隔离开来，郁郁寡欢，最终，上演了人生的悲剧。

生活的快乐与悲伤，一直都在我们的思想里。许多人走不出人生各个不同阶段或大或小的阴影，并非因为他们天生的个人条件比别人要差多远，而是因为他们没有思想，也没有耐心。应该慢慢找准一个方向，一步步向前，直到眼前出现新的洞天。

忽视光明的存在、只看到阴影的人是注定不会快乐的，战胜不了心中的阴影，我们将永远无法走到阳光下。

有一种鱼，叫仙胎鱼。仙胎鱼在水中游动起来异常灵敏，再加上身体透明，在水中极难辨认，外行人想捕到仙胎鱼，简直像摘星一般难。

然而，反应灵敏的仙胎鱼，却被内行的渔人大量捕捉。

渔人捕捉仙胎鱼的方法很简单：只要两个人各划一只木筏，在河中央相对拉开距离，再用一根粗麻绳贴着水面系在两只木筏中间。然后，两人同时划着木筏，缓缓往岸上靠。而在岸上等着的渔人一见木筏快靠岸了，便纷纷拿起渔网，到岸边就能轻易地捞起仙胎鱼。

为什么只用一根贴在水面上的绳就能把鱼赶到岸边呢？

原来，仙胎鱼有一个致命的弱点：只要一有影子投射到水中，它们是宁死也不敢靠近的。水中一根绳子的阴影，竟把仙胎鱼赶进了死胡同。

每个人的过去，都沉淀着一些噩梦，让我们为之纠缠，为之惊魂，空耗着青春与生命。如果一见到阴影就胆怯、退缩，那么，一抹小小的阴影，也会堵死人生的一切出路。

不要让自己害怕阴影，更不要让自己活在阴影里，不管是自己的，还是别人的。

痛苦的时候就给心情加些糖

生活，十分精彩，却一定会有八九分不同程度的苦，作为成熟的人，应该懂得苦中寻乐，知足常乐。痛苦是一种现实，快乐是一种态度，在残酷的现实面前不失乐观情绪，自行其乐，便是人生的成熟。

有这样一位母亲，她没有什么文化，只认识一些简单的文字，会一些初级的算术。但她教育孩子的方法着实令人称赞。

她家的瓶瓶罐罐总是装着不多的白糖、红糖、冰糖。那时候孩子还小，每每生病就会一脸痛苦，母亲都会笑眯眯地和些白糖在药里，或者用麻纸把药裹进糖里，在瓷缸里放上一刻，然后拿出来。那些让小孩子望而生畏的药片经这位母亲那么一和一裹，给人的感觉就不一样了，在小孩子看来就是充满诱惑，就连没病的孩子都想吃上一口。

在孩子们的眼中，母亲俨然就是高明的魔术师，能够把苦的东西变成甜的，把可怕的东西变成喜欢的。

"儿啊，尽管药是苦的，但你咽不下去的时候，把它裹进糖里，就会好些。"这是一位朴实的家庭妇女感悟出的生活哲理，她没有文化，但却很懂生活。

这是一种"减法思维"，减去了药的苦涩，就不会难以下咽。如今，她的孩子都已长大成人，也都有了自己的家庭，但每当情绪低落的时候，就会想起母亲说的那句话：把药裹进糖里。

她只是个普通的家庭妇女，在物质上无法给予子女大量的支持，但带给他们的精神财富却足以令其享用一生。她灌输给子女的是一种苦尽甘来的信仰，把生活的苦包进对美好未来的想象之中，就能冲淡痛苦；心中有光明，在沉重的日子里以积极的心态去思考，就能够改变境况。

不知大家有没有读过三毛的《撒哈拉的故事》，那里充满了苦中作乐的情趣。领略过后，恐怕你听到那些憧憬旅行、爱好漂泊的人说自己没有读过"三毛"，都会觉得不可思议。

这本书含序，一共 14 个篇章。用妈妈温暖的信启程，以白手起家的自述结尾。在撒哈拉，环境非常之恶劣，三毛活在一群思维生活都原始的撒哈拉威人之中，资源匮乏又昂贵，但她却颇懂得做快乐的冥想。尽管生活中有诸多的不如意，但只要有闪光点，她就会将其冥想成诙谐幽默的故事，然后娓娓道来，引人入胜。

在序里，三毛的母亲写道："自读完了你的《白手成家》后，我泪流满面，心如绞痛。孩子，你从来都没有告诉父母，你所受的苦难和物质上的缺乏，体力上的透支，影响你的健康，你时时都在病中。你把这个僻远荒凉、简陋的小屋，布置成你们的王国（都是废物利用），我十分相信，你确有此能耐。"

毫无疑问，三毛以及那位普通的母亲，都是对生活颇有感悟的人。其实生活就是一种对立的存在，没有苦就无所谓甜。如果我们都懂得在不如意的日子里给痛苦的心情加点糖，就没有什么过不去的事情。

想得开的人，怎会不快乐

人生所有的得意与失意，所有的喝彩与倒彩，到头来终究是过眼云烟，浮华如斯。心却要尘埃落定，能看得开就是智慧，看不开的就要受罪。

对事别奢求样样如意，这个决定权不完全在你。不管成、败、荣、辱，曾经就是曾经，回忆就是回忆，偶尔怀念可以，但别沉溺在以往的故事和事故里，独自萎靡。

如果太累了，就安慰安慰自己；没人心疼你，你更要好好爱自己。烦了，就找点乐子去，别丢了心态；太忙，就忙里偷偷闲，别丢了健康。永远不要为失去的和得不到的感到遗憾，永远不要为生命中的残缺而啜泣，你没有摘到的，只是春天的一朵花，整个春天还是你的。

有一个小女孩，她总是守候在窗子边，她喜欢看世界，却很少出来接触世界。因为，她从小得了小儿麻痹，被父母抛弃，是一个好心的婆婆将她收养，带她住在这里。

一个周末，有个小男孩在屋外的草地上踢皮球，皮球滚着滚着就不见了。男孩四下寻找，却一无所获，正当他气急败坏地准备离开时，突然听见一个甜甜而又腼腆的声音说道："皮球就在你后面的那个洞里。"小男孩抬头看去，看到一个长相秀丽的女孩将头探出窗外，扑闪着一双长睫毛的大眼睛给他指皮球。

男孩找到了皮球，心里非常感激，便邀请女孩下来一起玩。女孩摇了摇头，躲回到了屋子里。男孩又玩了好一阵子，再抬起头来，却看见那个女孩正入神地看着自己玩耍，但是，她的眼里分明有了泪花。好奇心让男孩拣起皮球，来到了小女孩的窗前。

男孩再次邀请女孩一起玩，女孩早已擦干了眼泪，冲男孩露出了表示感谢的微笑，指了指自己的腿，摆了摆手。男孩的心立刻难过起来，问她："心里不好过是吗？"女孩摇摇头，随即又点点头，说："偶尔会难过，但就一会儿。"女孩对男孩说。"虽然我大多时候都只能待在屋子里，很渴望多见见阳光，但我知道太阳每天都会升起，它每天都绕着我的屋子整整转上一圈，我能感觉到它的温暖。"

有时候，快乐很简单，仅仅看上一眼太阳就会让人觉得生活给予了我们很多，生命是那么的充实。

如果你感觉自己活得很苦很累，不妨想想这个小姑娘。其实，你生活的悲痛，并不来自生活的刻薄，而是你太容易被外界的氛围所感染，被他人的情绪或言语所左右。你疲惫地走着，又总是在意路边荆棘，担心山雨欲来，总是担心别人不懂你，前路无知己……天气的变化，人情的冷暖，不同的风景都会影响你的心情。而现实是，这些都是你无法左右的。所以，看淡一些，看淡了，天无非阴晴，人不过聚散，何须刻意逢迎？亦不必拒人千里，自然而然便是自在。就算还有许多的对面风沙，也记得笑看悲辛，抒怀辽阔，做自己该做的事，享自己该享的福：我心不惊不怖，自然自在安详。

别把自己的快乐交给别人保管

无论命运多么灰暗，无论人生多少颠簸，都会有摆渡的船，这只船就在我们手中！每一个有灵性的生命都有心结，心结是自己结的，也只有自己能解，而生命，就在一个又一个的心结中成熟，然后再生。

一个成熟的人，应该掌握自己快乐的钥匙，不期待别人给予自己快乐，反而将快乐带给别人。其实，每个人心中都有一把快乐的钥匙，只是大多时候，人们将它交给了别人来掌管。

有一位女士说："我活得很不快乐，因为老公经常因为工作忽略我。"她把快乐的钥匙放在了老公手里；

一位母亲说："儿子没有好工作，老大不小也娶不上个媳妇，我很难过。"她把快乐的钥匙交在了子女手中；

一位婆婆说："儿媳不孝顺，可怜我多年守寡，含辛茹苦将儿子带大，我真命苦。"

一位先生说："老板有眼无珠，埋没了我，真让我失落。"

一个年轻人从饭店走出来说："这家店的服务态度真差，气死我了！"

……

这些人都把自己快乐的钥匙交给了别人掌管，别人的行为影响了自己的心态，怎么能快乐得起来呢？

当我们容忍别人掌控自己的情绪时，我们在头脑中便把自己定位成了受害者，这种消极的设定会使我们对现状感到无能为力，于是怨天尤人成了我们最直接的反应。接下来，我们便开始怪罪他人，因为消极的想法告诉我们：之所以这样痛苦，都是"他"造成的！所以我们要别人为我们的痛苦负责，即要求别人使我们快乐。这种人生是受人摆布的，可怜而又可悲。

积极的心态就是要我们重新掌控自己的人生，拿回自己快乐的钥匙。

如果你愿意，转个身就是幸福

我们苦苦追求幸福的时候，往往遇到的是痛苦；只有我们轻松愉快地生活，才会发现幸福一直就在自己身边。

寒冬腊月，娟外地的一个朋友到她所在开封市出差。两个女子相约去感受老城的沧桑与厚重。出门的时候，天气还不错，到了下午冷风骤起，气温突降，尽管太阳依旧挂在天上，但冷风像刀子一样刮得人双颊生痛。

娟和朋友冻得瑟瑟发抖，不停诅咒无常的天气，埋怨突然而至的寒流。出门时的好心情随着寒流的到来瞬间荡然无存。

娟带着朋友走进开封府。青砖上苔藓枯去，屋顶的瓦砾上、墙缝里曾经茂盛无比的小花小草，诉说着曾经的繁荣和辉煌。开封府内有条狭长幽静的小巷道，走在里面越发地觉得寒冷。

拐了一个弯，娟和朋友突然觉得进入了另一个世界。寒风好像突然停止了，阳光一下子变得和煦、温暖起来。二人拣一块干净的青石台阶坐了下去，畅谈情怀，一堵青砖筑就的墙把红尘的喧闹隔在了外边。

没过多久，二人身上被晒得暖烘烘的，全然没有了刚才的寒意。朋友说："真是怪了，拐了一个弯，竟然就感受到了两个不同的世界。"刚才在路上两个人还在抱怨寒风冷冬以及人生的种种不如意，而此时拐了个弯，转了个身，她们就感受到了从没有过的宁静与温暖。

生活就是这样，许多幸福也许就在你生活中不起眼的地方，只是因为太熟悉了，反而漠视了。其实我们嫌幸福太遥远的时候，幸福一直就像影子一样，只要你站在有光的地方，它就不会离开你身旁，只是我们忘了低下头，转个身。

就好像我们在肚子饿坏的时候，有一碗热腾腾的面条放在眼前，这就是幸福；劳累了一天，回家扑在软软的床上，这也是幸福；痛哭的时候，有人能够温柔地递上一张纸巾，这更是幸福……

放眼自己的身边，其实幸福无处不在……

将幸福当成习惯，想不幸福都难

幸福犹如庭前落花、天外云舒，只需你有一枚宠辱不惊的心魄、一份淡然如诗的心境。幸福从来不是寄托在他人身上的渴求，而是一种潜藏在血脉里的习惯，你可以清晰地感受到它流淌、漫溢、延伸。

将幸福当成一种习惯，这样顺其自然地过日子，生活就会呈现一连串的欢宴。

在一列老式火车的卧铺车厢中，有5位男士正挤在洗手间里刮胡子。经过了一夜的睡眠，隔日清晨通常会有不少人在这个狭窄的地方做一番洗漱。此时的人们多半神情漠然，彼此间也不会交谈。

就在此时，突然有一个面带微笑的男人走了进来，他愉快地向大家道早安，但是却没有人理会他。之后，当他准备开始刮胡子时，竟然自顾自地哼起歌来，神情显得十分愉快。他的这番举止令人们感到极为不悦。于是有人冷冷地、带着讽刺的口吻对这个男人说道："喂！你好像很得意的样子，怎么回事呢？"

"是的，你说得没错。"男人如此回答着"正如你所说的那样，我是很得意，我真的觉得很愉快。"然后，他又说道："我是把使自己觉得幸福这件事，当成一种习惯罢了。"

后来，在洗手间内所有的人都已经把"我是把使自己觉得幸福这件事，当成一种习惯罢了"这句深富意义的话牢牢地记在了心中……

我们感受不到生活的幸福，多半是由于心中那些习惯性的不幸所致。心存不幸想法的人，会使事情真的变得很糟糕。而每一天的开始即心存美好期盼，会使幸福在你身边围绕。因此，如果来个思维转换，把幸福当成一种习惯，习惯于寻找和展现生活中光明的一面，快乐的一面，那么你一定是一个健康的人，一个幸福的人。

所有一切都能够应付过去

有多少次困难临头，开始以为是灭顶之灾，感到恐惧，受到打击，似乎无法逃脱，胆战心惊。然而，突然间我们的雄心被激起，内在力量被唤醒，结果化险为夷，一场虚惊。一个真正坚强的人，不管什么样的问题降临，都能够从容应对，临危不乱。当暴风雨来临时，软弱的人屈服了，而真正坚强的人镇定自若，胸有成竹。

埃尔文的父亲生病时已经是年近七十了，仗着他曾经是加州的拳击冠军，有着硬朗的身子，才一直挺了过来。

那天，吃罢晚饭，父亲把埃尔文他们召到自己的房间。他一阵接一阵地咳嗽，脸色苍白。他艰难地扫了每个人一眼，缓缓地说："那是在一次全州冠军对抗赛上，对手是个人高马大的黑人拳击手，而我个子矮小，一次次被对方击倒，牙齿也出血了。休息时，教练鼓励我说：'史蒂芬，你不痛，你能挺到第十二局！'我也说：'不痛。我能应付过去！'我感到自己的身子像一块石头、像一块钢板，对手的拳头击打在我身上发出空洞的声音。跌倒了又爬起来，爬起来又被击倒了，但我终于熬到了第十二局。对手战栗了，我开始了反攻，我是用我的意志在击打，长拳、勾拳，又一记重拳，我的血同他的血混在一起。眼前有无数个影子在晃，我对准中间的那一个狠命地打去……他倒下了，而我终于挺过来了。哦，那是我唯一的一枚金牌。"

说话间，他又咳嗽起来，额上汗珠晶晶而下。他紧握着埃尔文的手，苦涩地一笑："不要紧，才一点点痛，我能应付过去。"

第二天，父亲就过世了。那段日子，正碰上全美经济危机，埃尔文和妻子都先后失业了，经济拮据。

父亲死后，家里境况更加艰难。埃尔文和妻子每天跑出去找工作，晚上回来，总是面对面地摇头，但他们不气馁，互相鼓励说："不要紧，我们会应付过去的。"

如今，当埃尔文和妻子都重新找到了工作，坐在餐桌旁静静地吃着晚餐的时候，他们总能想到父亲，想到父亲的那句话：当我们感到生活艰苦难耐的时候，要咬牙坚持，学会在困境中对自己说："瞧，我能应付过去！"

你必须相信，那么多当时你觉得快要要了你的命的事情，那么多你觉得快要撑不过去的打击，都会慢慢地好起来。就算再慢，只要你愿意努力，它也愿意成为过去。而对于那些你暂时不能拒绝的、不能挑战的、不能战胜的，不能逆转的，就告诉自己，凡是不能打败你的，最终都会让你变得更强！

坦然接受生命中那么多的无常

人生的罗盘常常改变方向，时而南辕北辙，时而相隔四方，难免有些许波折。但生命原本如此，这也是不可避免的必须。

这个世界，有白天就有黑夜，有好就有坏，有对就有错，有生就有死，有天堂也有地狱。因此不必害怕人生无常，反而要勇敢地接受无常，迎接它令人欢喜的一面，也接受它使人痛苦的另一面。

去年初秋，亚丽的老公扬子接了长途电话之后，转过身来对她说："你父亲被送去急诊，是严重的心脏病。"亚丽能看得出他虽然内心恐惧，但又竭力表现出很冷静的样子。

"爸病得这么厉害吗？"扬子带着亚丽飞速驱车赶往机场时，她心里在祈祷："老天，请让爸爸活下去吧！"

当她走进病房时，母亲一句话也没说。她们默默地抱在一起。亚丽坐在母亲的身边祈祷着："让爸爸活下去吧！"

在整整3个星期里，她和妈妈就这样日夜守护着父亲。有一天早晨，爸爸恢复了知觉，他还握住了亚丽的手。他的心脏虽然稳定了，但其他问题又出现了。凡是亚丽不和父亲或母亲在一起时，她就在心里祷告着同一句话："让爸爸活下去吧！"

祝愿康复的卡片从各地寄来。一天晚上，她接到扬子寄来的一张——这是"我们的"卡片，上面写着："要相信老天的答案，亲爱的。"

亚丽站在那里，手里攥着一张弄皱了的卡片，一会儿哭，一会儿笑，母亲不明白这是为什么。亚丽想："扬子帮我意识到了，我的那些祈祷也许并不是正确的。"

第二天清晨，亚丽在医院的榕树下平静地祈祷："老天，我知道我的愿望是什么，但对爸爸来说这并不见得是最好的答案。您也爱他。因此我现在要把他放在您的手中。让您的意愿——而不是我的——实现吧！"

在那一瞬间，她觉得如释重负。不管老天的答案是什么，她知道对她父亲都是正确的。

一个月以后，她的父亲与世长辞了。

第二天，扬子带着孩子赶来。孩子哭着说："我不愿意让外公死，他为什么会死呢？"

亚丽紧紧地抱着孩子让他哭个够。从窗户远望，她看见了群山和碧蓝的天，想着她深深敬爱的父亲，也想到他有可能遭受的无法医治的病痛。扬子的手放在她的肩上。亚丽轻轻地说："显然，这就是答案。"

自然规律是不以人的意志为转移的。当亲人到了弥留之际，与其苦苦祈祷，让亲人放慢离去的脚步，不如坦然地接受不能改变的现实，让自己保持一份宁静的心情。

人们希望春常在，花常开，而春来了又去了，了无踪迹；花开了又落了，花瓣也被夜里的风雨击得粉碎，混同泥尘，流得不知去处。

秦皇汉武、唐宗宋祖，转眼间，而今都已不在。人世间的荣耀与悲哀，到最后统统埋在土里，化作寒灰。他们活着的时候，南征北战，叱咤风云，风流占尽，转眼间失意悲伤，仰天长啸，感叹人世，瞑目长逝了，也都化成一捧寒灰，连缅怀的袅袅香烟皆无。如果生前尚能冷静地反省，一定会明晓生活在世界上是大可不必吵闹不休的。"闲云潭影空悠悠，物换星移几度秋。阁中帝子今何在，槛外长江空自流。"

人生的无常，为我们带来了种种经历，一份经历的洗礼，预示着多一份稳重、多一份淡定，这何尝不是好事？人生本无常，世事最难料，从容面对才是真！

06

伤害在左，
宽容在右

　　宽宏大量，是一道能够照亮伟大灵魂的光芒。宽容
就像天上的细雨滋润着大地。它赐福于宽容的人，也赐
福于被宽容的人。

忘记过去的人才能够重新开始

过往，过去了的往事；回忆，回不去的记忆。既然已经过去了、回不去，为什么还要纠缠着不放？

如果把所有的事情都缠绕在心上，时常想起，总会时常痛苦。所以，与其纠结于心，不如看淡，看轻。生活的真谛在于宽恕与忘记。宽恕那些伤害过我们的人和事，忘记那些不值得铭记的东西。忘记是品质的提升，是心态的调和，更是生命的沉淀。

人生，只有终止了过去的坏，才能够重新开始。

苹果公司中国总部要招聘一名高级财务主管，竞争异常激烈。

公司副总在每名考生面前放一个有溃烂斑点的苹果、一些指甲大的商标和一把水果刀。他要求考生们在10分钟内，对面前的苹果做出处理——即交上考试答案。

副总解释说，苹果代表公司形象，如何处理，没有特别要求。10分钟后，所有考生都交上了"考卷"。

副总看完"考卷"后说："之所以没有考查精深的专业知识，是因为专业知识可以在今后的实践中学习。谁更精深，不能在这一瞬间做出判定，我们注重的是，面对复杂事物的反应能力和处理方式。"

副总拿起第一批苹果，这些苹果看起来完好无损，只是溃烂处已被贴上的商标所遮盖。副总说，任何公司，存在缺点和错误都在所难免，就像苹果上的斑点。用商标把它遮住，遮住了错误却没有改正错误，一个小小的错误甚至会引发整体的溃烂。这批应聘者没有把改正公司的错误当成自己的责任，被淘汰了。

副总拿起第二批苹果，这些苹果的斑点被水果刀剜去，商标很随便地贴在各处。副总说，剜去溃烂处，这种做法是正确的。可是这样一剜，形象却被破坏了，这类应聘者可能认为只要改正了错误就万事大吉了，没考虑到形象和信誉度是公司发展的生命，这批应聘者也被淘汰了。

这时，副总的手里只剩下一个苹果了，这个苹果又红又圆，竟然完好无缺！上面也没什么商标。

副总问："这是谁的答卷？"一个考生站起来说："是我的。""它从哪儿来的？"

这个考生从口袋里掏出刚才副总发给他的那只苹果和一些商标，说："我刚才进来时，注意到公司门前有一个卖水果的摊子。而当大家都在专心致志地处理手上的烂苹果时，我出去买了一个新苹果，10分钟足够我用的了。当一些事情无法挽救时，我选择重新开始。"

副总当即宣布："你被录用了！"

原来，苹果公司的招聘答案是：你必须终止过去的坏，才能随时重新开始。

人生随时都可以重新开始，但你必须先将过去糟糕的事情终止。生活中，常常会有许多事让我们心里难受。那些不快的记忆常常让我们觉得如鲠在喉。而且，我们越是想，越会觉得难受，那就不如选择把心放得宽阔一点，选择忘记那些不快的记忆，这是对别人，也是对自己的宽容。

不必刻意遗忘，也不沉湎于悲伤

最美的风景不在眼里，而在心里；最好的情怀不在眼下，而是心上。世间的事，争不完，不如放一放；人间的利，占不尽，不如顺其自然。

心灵的内存有限，只好放下过去。释放新的空间，才能装下更多新的美好的东西。放下时的割舍是疼痛的，疼痛过后却是轻松。

小张情感受挫，而且遭遇朋友的背叛，事业上又遭遇桎梏，他为此忧伤满腹，惶惶不可终日，常借酒精来麻醉自己。

家族中一长者闻听此事，主动前来劝慰，但奈何说尽良言，小张始终不为所动，依旧满脸哀愁。最后小张说道：

"您不用再说了，我都明白，但我就是放不下一些人和事。"

长者道："其实，只要你肯，这世间的一切都是可以放下的。"

"有些人和事我就是放不下！"小张似乎有点不耐烦。

长者取来一只茶杯，并递到小张手中，然后向杯内缓缓注入热水。水慢慢升高，最后沿着杯口外溢了出来。

小张持杯的手马上被热水烫到，他毫不迟疑地松开了手，杯子应声落地。

长者似在自语："这世间本没有什么放不下的，真的痛了，你自然就会放下。”

　　小张闻言，似有所悟……

　　是的，这世间本没有什么是放不下的，真的痛了，你自然就会放下！

　　在一些人看来，有些事似乎是永远放不下的，但事实上，没有人是不可替代的，没有任何事物是必须紧握不放的，其实我们所需要的仅仅是时间而已。或许有人要问——有没有一种方法，能让人在放下时不会感到疼痛？答案是否定的，因为只有在真正感到痛时，你才会下决心放下。

　　不要刻意去遗忘，更不要长期沉浸于痛苦之中。

　　人生短暂，根本不够我们去挥霍，在人生的旅程中，每一段消逝的感情，每一份痛苦的经历，都不过是过客而已，都应该坦然以对。我们所要做的是珍惜现在，做自己喜欢做、应该做的事情，过好人生中的每一天。

所谓不幸，不过是回到生活原点

　　人的本性中有一种叫作记忆的东西，美好的容易记住，不好的则更容易记住。所以大多数人都会觉得自己不是很快乐。那些觉得自己很快乐的人是因为他们恰恰把快乐的记住，而把不快乐的忘记了。

　　有一位少妇忍受不了人生的苦难，遂选择投河自尽。恰恰此时，一位老艄公划船经过，二话不说便将她救上了船。

艄公不解地问道："你年纪轻轻，正是人生当年时，又生得花容月貌，为何偏要如此轻贱自己、自寻短见？"

少妇哭诉道："我结婚至今才两年时间，丈夫就有了外遇，并一走了之。前不久，一直与我相依为命的孩子又身患重病，最终不治而亡。老天待我如此不公，让我失去了一切，你说，现在我活着还有什么意思？"

艄公又问道："那么，两年以前你又是怎么过的？"

少妇回答："那时候自由自在，无忧无虑，根本没有生活的苦恼。"她回忆起两年前的生活，嘴角不禁露出了一抹微笑。

"那时候你有丈夫和孩子吗？"艄公继续问道。

"当然没有。"

"那么，你不过是被命运之船送回到了两年前，现在你又自由自在，无忧无虑了。请上岸吧！"

少妇听了艄公的话，心中顿时敞亮了许多，于是告别艄公，回到岸上，看着艄公摇船而去，仿佛做了个梦一般。从此，她再也没有产生过轻生的念头。

其实，记忆对人本身是一种馈赠。心胸宽阔的人，用它来馈赠自己。但同时它也是一种惩罚，心胸狭窄的人，则用它来惩罚自己。所以说，有时候，记忆不要太好，人最大的烦恼就是记性太好。

无论是快乐抑或是痛苦，过去的终归要过去，强行将自己困在回忆之中，只会令你倍感煎熬！无论明天会怎样，未来终会到来，若想明天活得更好，就必须以积极的心态去迎接它。即便曾经一败涂地，也不过是被生活送回到了原点而已。

158

时刻铭记伤害，是对自己的惩罚

对于伤害，你越在意，它刺痛你的程度就越深。你终日想着那些不幸的经历和不可挽回的伤害，不但惩罚不了伤害你的人，反而会越加剧自己的痛楚，这是我们自己在惩罚自己。

一个女孩被强暴了，非常痛苦。她来到庙里祈愿，希望佛祖严厉惩罚伤害她的那个人。庙里的老和尚看到她一脸悲伤和怨愤，便慈悲地问她发生了什么事。

女孩顿时大哭起来，她泣不成声地说："我好惨啊，我多么的不幸，我这一辈子都忘不了这件事情了……"

听罢她的哭诉，老和尚说："女施主，你被强暴是你自愿的。"

女孩被老和尚的话吓了一跳，愤怒地斥问："你这个出家人怎么这样说话！我怎么可能是自愿的！"

老和尚说："虽然你只被他伤害一次，但你在心里天天甘愿被他再伤害一次，那么一年下来，就被他伤害365次。"

"这是怎么回事呢？"女孩听出老和尚话中有话，但她并不十分明白。

"在你身上发生了一件不好的事情，就好像看了一场不好的电影一样，可你天天在回想，这不是很笨的事情吗？这与重蹈覆辙有什么区别呢？"

时刻回忆别人对你的伤害，就是用别人的错误来惩罚自己。如果能放开心量，原谅自己曾经的不幸，原谅自己曾经的无知，原谅自己曾经的沉沦与颓废，把过去的不快统统抛到脑后，那么一切都可以重新开始。

被丧心病狂的男友毁容后的台湾女孩曾德惠，从容地站在记者面前。她面目全非，但仍调侃说："如果大家看到我洁白的牙，说明我在笑！"经过40多次手术，痛得她已经没有精力去想别的，包括去恨什么人。

为了谋生，她上街兜售干燥花香包；为了未来，她决心上大学，但必须从高中读起……"我没有手了，没有耳朵、没有鼻子，嘴巴合不拢，最要命的是，连胸部都烧掉了。"

她讲得很轻松，像在讲别人的故事，不过，她担心以后没有男人会再爱上自己。有一次，她去影院看恐怖电影《贞子》，上厕所出来，她说："没被'贞子'吓倒的观众，反而被我给吓倒了！"

虽然她笑着说，但听的人却难过不已。

每次出门，她会在全身唯一完好的部位——10个脚趾上涂层蓝色指甲油，以提醒自己曾经有过的美丽。

可敬的曾小姐也没有扔掉镜子，因为她要面对现实。有时，这比面对死亡更需要勇气！

释怀，并不意味着否认发生过的痛苦的事情。释怀是强有力地肯定：坏事将不会毁坏我们当下，尽管它曾毁坏过。

人生如白驹过隙，如果我们在伤痕里执迷不悟，是否太亏欠了这似水年华呢？学会淡忘，学会洒脱，人生才会有属于自己的精彩。

失恋以后，请放下诅咒与怨恨

　　缘聚缘散总无强求之理。世间人，分分合合，合合分分，谁能预料？该走的还是会走，该留的还是会留。一切随缘吧！

　　爱情全仗缘分，缘来缘去，不一定需要追究谁对谁错。爱与不爱又有谁可以说得清？当爱着的时候只管尽情地去爱，当爱失去的时候，就潇洒地挥一挥手吧。人生短短几十年而已，自己的命运把握在自己的手中，没必要在乎得与失，拥有与放弃，热恋与分离。

　　失恋之后，如果能把诅咒与怨恨都放下，就会懂得真正的爱，虽然在偶尔的情景下依然不免酸楚、心痛。

　　卢梭 11 岁时，在舅父家遇到了刚好大他 11 岁的德·菲尔松小姐，她虽然不很漂亮，但她身上特有的那种成熟女孩的清纯和靓丽还是将卢梭深深地吸引住了。她似乎对卢梭也很感兴趣。很快，两人便轰轰烈烈地像大人般恋爱起来。但不久卢梭就发现，她对他的好只不过是为了激起另一个她偷偷爱着的男友的醋意——用卢梭的话说“只不过是为了掩盖一些其他的勾当”时，他年少而又过早成熟的心便充满了一种无法比拟的气愤与怨恨。

　　他发誓永不愿再见到这个负心的女子。可是，20 年后，已享有极高声誉的卢梭回故里看望父亲，在波光潋滟的湖面上游玩时，他竟不期然地看到了离他们不远的一条船上的菲尔松小姐，她衣着简朴，面容憔悴。卢梭想了想，还是让人悄悄地把船划开了。他觉得："虽然这是一个相当好的复仇机会，但我还是觉得不该和一个40多岁的女人算20年前的旧账。"

爱过之后才知爱情本无对与错、是与非，快乐与悲伤会携手和你同行，直至你的生命结束！卢梭在遭到自己最爱的人无情愚弄后的悲愤与怨恨可想而知，但是重逢之际，当初那种火山般喷涌的愤怒与报复欲未曾复燃，并选择了悄悄走开，这恰好说明世上千般情，唯有爱最难说得清。

如果把人生比做一棵枝繁叶茂的大树，那么爱情仅仅是树上的一颗果子。爱情受到了挫折、遭受到了一次失败，并不等于人生的奋斗全部失败。世界上有很多在爱情生活方面不幸的人，却成了千古不朽的伟人。因此，对失恋者来说，对待爱情要学会放弃，毕竟一段过去不能代表永远，一次爱情不能代表永生。

聚散随缘，去除执着心，一切恩怨都将在随水的流逝中淡去。那些深刻的记忆也终会被时间的脚步踏平，过去的就让它过去好了，未来的才是我们该企盼的。

对抛弃你的人，道一声"谢谢"

人，都喜欢锦上添花，所以当你一帆风顺、蒸蒸日上的时候，有很多人会主动愿意接近你。

人，本性里是趋利避害的，所以当你遇到困难、举步维艰的时候，很多人可能会离开你。

如果有人背叛了你，离开了你，不要抱怨，不要责怪人情薄凉。对于曾经接近你的人，我们要感谢，因为他们给我们的"锦上"添了"花"；对于困难时离开的人，我们也要表示感谢，因为正是他们的离开，给我们泼了一盆足以清醒的冷水，让我们在孤独中重新审视自己，发现自己的危机，让我们有了冲破樊篱、更进一步的动力。

陈云鹤与林莹莹相恋5年有余，按照原来的约定，他们本该在今年携手走进婚姻殿堂的，但是，就在婚前不久，林莹莹做了"落跑新娘"，她留下一纸绝情书，与另一个男人去了天涯海角。

了解陈云鹤的人都知道，他与林莹莹之间的爱情九曲十八弯，甚至有些荡气回肠。

陈云鹤英俊帅气，风度翩翩，在香港科技大学完成学业以后，就回到了父亲创办的公司担任部门经理，管理着一个重要部门，由一位追随父亲多年的叔伯专门负责培养他、指导他。他行事果敢，富有创新意识，这个部门在他的管理下越发出色起来。

这个时候，追求他的姑娘、前来提亲的人家简直多的让人眼花缭乱，其中不乏当地的名门名媛，但他一概礼貌地回绝了，却唯独对来自小城市的林莹莹情有独钟。

那个时候的林莹莹不但长相甜美，而且思想单纯，相比都市里雪月风花、汲于名利的女孩们，她恰似一朵雪莲花不胜寒风的娇羞，这份纯朴的美让陈云鹤十分醉心。

然而，受中国传统门当户对思想的影响，陈云鹤的父母对于这种结合并不认同，陈云鹤为此与家人无数次理论过，甚至愿意为林莹莹放弃现在的一切，只求抱得美人归。在他的坚定坚持下，陈父陈母终于妥协了。

由于林莹莹的身体一直不好，医生建议他们3年之内最好不要结婚，陈云鹤只能把婚期向后推迟。3年来，他一直精心照顾着林莹莹，给了她无微不至的关爱，林莹莹的身体渐渐好了起来。

随后，为了林莹莹的事业，陈云鹤又强忍着心中的寂寞，出资安排她去国外学习企业管理。在这5年多的交往中，可以说一个男人能做的，陈云鹤几乎都做到了。

2007年，受国家货币政策影响，再加上人民币不断升值，陈家的公司受到了很大冲击。很快，公司的利润被压缩在一个很小的空间，后来，干脆成了赔本买卖。无奈之下，陈父只能申请破产。陈云鹤也由一个白马王子变成了失业青年。

任谁也没想到的是，就在陈云鹤最困难的时候，那个他曾给予无数关爱，那个他愿意为之付出一切，那个曾与他海誓山盟的女孩，竟然决绝地提出分手，跟着一个英国男人去国外"发展"了。

公司破产，陈云鹤并没有多么难过，因为他觉得凭自己的能力，有朝一日一定可以帮助父亲东山再起，因为他觉得即便自己变成了一个穷小子，但至少还有一个非常相爱的女朋友。但是现在，他真的觉得自己一无所有了，曾有那么一段时间，陈云鹤非常颓废。

一个人独处的时候，陈云鹤反复问自己："我那么爱她，她为什么在这个时候离开我？"最后，他不得不接受一个残酷的事实——她太功利了，她不会跟一个身无分文的穷小子过一辈子！究竟是她变了，还是原本就如此，此刻已不重要。重要的是，接下来该做些什么。

冷静之后，陈云鹤意识到，自己必须努力了，否则才是真的一无所有。女友无情的背离也让他对爱情有了新的认知，他懂得了，爱并不是一厢情愿的冲动，有的人并不值得去爱，也不是最终要爱的人，所以放手，放任她离开，但不要带着怨恨，那只会让自己的内心永远不得安歇，为那个不爱自己的人徒留下廉价的伤感而已。

不久之后，陈云鹤找到了父亲的一位老朋友，并以真诚求得了他的资助。用这笔资金，陈云鹤在上海创办了一家投资公司，他又是学习取经，又是请高人管理，公司很快就走上了正轨，现在，陈云鹤又积累了不菲的一笔财富。

在那位叔父的撮合下，陈云鹤又结识了一位从法国留学归来的漂亮女孩，两个人一见钟情，很快确定了恋爱关系，双方的父母也都对彼此非常满意。

如果当初那个女孩不离开他，或许陈云鹤就不会有如此大的动力，或许他会出去做一个高级打工者，一样能过日子。但是，她离去了，一段时间内，陈云鹤一无所有，这给了他前所未有的危机感，这种危机感鞭策着他必须去努力，似乎是为了证明些什么，但其实更是为了他自己。

曾经受过伤害的人，在孤独中复苏以后，会活得比以往更开心，因为那些人、那些事让他认清自己，同时也认清了这个世界。如果有人曾经背弃了你，无论他是你的恋人还是朋友，别忘了对他说声"谢谢"，因为正是因为这背离，才让你更坚强，更懂得如何去爱，也更懂得如何保护自己。

请用善意的心与这个世界对话

你并非踽踽单行，在这个世界上，虽然人们各自走着自己的生命之路，但是在纷纷攘攘中难免会有碰撞。如果冤冤相报，非但抚平不了心中的创伤，而且只能将伤害捆绑在无休止的争吵上。

有位朋友，总是愤世嫉俗，由于在学习、生活、工作中遭遇了许多误解和挫折，渐渐地，他养成了以戒备和仇恨的心态看世界的习惯。在压抑郁闷的环境中他度日如年，几乎要崩溃，感觉整个世界都在排斥他。

他有一种强烈的发泄欲望。多年来这种念头一直缠绕着他，他想在自己所处的环境发泄，又担心受到更多的伤害，他一直压抑、克制着自己的这种念头，但越是克制越烦恼，他因此寝食不安。

有一天他为了散心，登上了一座景色宜人的大山。他坐在山上，无心欣赏幽雅的风景，想想自己这些年遭遇到的误解、歧视、挫折，他内心的仇恨像开闸的洪水一样，汹涌而出。他大声对着空荡幽深的山谷喊道："我恨你们！我恨你们！我恨你们！"话一出口，山谷里传来同样的回音："我恨你们！我恨你们！我恨你们！"他越听越不是滋味，又提高了喊叫的声音。他骂得越厉害，回音更大更长，扰得他更恼怒。

就在他再次大声叫骂后，从身后传来了"我爱你们！我爱你们！我爱你们！"的声音，他扭头一看，只见不远处寺庙里的方丈在冲着他喊。

片刻，方丈微笑着向他走来，他见方丈面善目慈，便一股脑儿说出了自己所遭遇的一切。

听了他的讲述，方丈笑着说："晨钟暮鼓惊醒多少山河名利客，经声佛号唤回无边苦海梦中人。我送你四句话：其一，这世界上没有失败，只有暂时没有成功。其二，改变世界之前，需要改变的是你自己。其三，改变从决定开始，决定在行动之前。其四，是决心而不是环境在决定你的命运。你不妨先改变自己的习惯，试着用友善的心态去面对周围的一切，你肯定会有意想不到的快乐。"

他半信半疑，表情很复杂。方丈看透了他的心思，接着说："倘若世界是一堵墙壁，那么爱是世界的回音壁。就像刚才，你以什么样的心态说话，它就会以什么样的语气给你回音。爱出者爱返，福往者福来。为人处世许多烦恼都是因为对外界苛求得太多而产生的。你热爱别人，别人也会给你爱；你去帮助别人，别人也会帮助你。世界是互动的，你给世界几分爱，世界就会回你几分爱。爱给人的收获远远大于恨带来的暂时的满足。"

听了方丈的话，他愉快地下山了。

回去以后他以积极、健康、友爱的心态对待身边的一切。他和同事之间的误解消除了，没有人再和他过不去，工作上他也比以往好多了，他发现自己比以前快乐多了。

的确，爱是世界的回音壁，想要消除仇恨，给生命增添些友爱，就请用善意的心灵与世界对话。你的声音越发友善，得到的回复将越发美妙，这美妙的回复又会给我们的心灵带来更多的平和与欢乐。

其实善意，对他人而言也是无价之宝，透过善意，我们可以给予需要爱的人温暖。爱与被爱的人，比远离爱的人幸福。我们付出越多的善意，就会得到越多善意的回报，这是永恒的因果关系。

别让心累，学会宽恕

宽恕是一种能力，一种停止伤害继续扩大的能力。

怨恨是你对受到深深的、无辜伤害的自然反应，这种情绪来得很快。无论是被动的还是主动的，怨恨都是一种郁积着的邪恶，它窒息着快乐，危害着健康，它对怨恨者的伤害比被怨恨者更大。

消除怨恨最直接有效的方法就是宽恕。宽恕必须承受被伤害的事实，要经过从"怨恨对方"，到"我认了"的情绪转折，最后认识到不宽恕的坏处，从而积极地去思考如何原谅对方。

1993 年 2 月，明尼苏达州发生了一起轰动一时的凶杀案。一个名叫拉瑞曼·巴雅德的男孩被人枪杀身亡，而杀人凶手欧熙仅是一个 16 岁的少年。

在法庭宣判之前，按照美国的法律，被害者家属可以面见杀人凶手，而凶手必须无条件接受面见，他没有别的选择。12年后，拉瑞曼的母亲玛丽见到了欧熙，然而，她选择了原谅。

"在那以后的12年里，我的生活变得非常糟糕。每天每夜，我的内心里都充满着悲愤，12年来我一直生活在痛苦之中，仿佛我的儿子刚刚过世一样……"事隔多年，这位母亲谈起此事仍然泪流满面。

"然而，痛恨就像癌症细胞，它的毒已经深入到我的血液里了。我想要根断都找不到一个下手之处，我感觉自己正在被它从里到外一点点地彻底侵蚀。"接过欧熙递过来的纸巾，玛丽擦着眼泪。现在，他们已经和解。

几年前，有人送给玛丽一本名叫《彻底宽恕》的书，她开始学着照书中所说的方法去做，试图放下过去，使心灵得到愈合。然后有一天，她觉得有必要去试试自己是否可以原谅那个杀人凶手。

"后来，牧师鼓励我去见那个凶手。这并不容易，但我知道，这不是为了他，而是为我自己，要么我去面对，要么就这样慢慢地在痛苦中死掉。"玛丽说。

"第一次面对面的交谈是我入狱后的第12年，在明尼苏达州静水监狱里。当时我很害怕，玛丽再三要求面见我，我不知道接下来会发生什么。"欧熙回忆说。

"我记得她第一次见到我时对我说的话是：你看，你不认识我，我也不认识你。让我们从当年法庭上相同的心态开始，从我想冲上去杀了你开始。可你已经不是16岁了，现在，你是一个成年人，我和你分享我的儿子。"欧熙回忆当时玛丽对他说的话。

"于是，被我杀害的男孩在我心中也变成了一个成年人。"他接着说。

"我只是试图去阻止你的悲伤，尽我的所能。我抱着你，就像是抱着我唯一的母亲。"欧熙对玛丽说。在第一次面对面谈话之后，欧熙克服了自己的不良情绪。

"当你离开房间后，我就开始对自己说：'我拥抱了那个杀害我儿子的人。'就在那一刻，我瞬间明白了一切，12年的愤怒与仇恨，所有的这一切都因为你，我知道一切都结束了，我已经完全原谅你了。"玛丽说。

玛丽从脖子上摘下一个特别的项坠，它是一个双面银制小盒子。一边镶嵌着玛丽和她死去的儿子的照片，另一面是欧熙的照片。

你一定见过这样的女人，她们的脸因为怨恨而有皱纹，因为悔恨而变了形，表情僵硬。不管怎样美容，对她们的容貌改进，也比不上让她心里充满了宽容、温柔和爱所能改进的一半。

怨恨的心理，甚至会毁了你对食物的享受。圣人说："怀着爱心吃菜，会比怀着怨恨吃牛肉好得多。"

宽恕不只是慈悲，也是修养。

永远不要让孤独成为一种常态

一辈子那么长，总免不了孤单一下，孤单不可怕，可怕的是孤独。

如果记忆不是那么好，人是不是不会明白什么叫作孤独？往往经历了以后，才会发现在自己的记忆里，有多少是孤寂的，有多少是幸福的。

　　孤独是人生的一种痛苦，内心的孤寂远比形式上的孤单更为可怕。沉浸在孤独中的人离群索居，将自己的内心紧闭，拒绝温暖、自怜自艾，甚至有些人因此而导致性格扭曲，精神异常。如果不能忘记孤独，人生只有痛苦。

　　迈克尔·杰克逊走了，众所周知，这位世界级偶像的人生并不快乐，他不止一次说过："我是人世间最孤独的人。"

　　他说："我根本没有童年。没有圣诞节，没有生日。那不是一个正常的童年，没有童年应有的快乐！"

　　5岁那年，父亲将他和4个哥哥组成"杰克逊五兄弟"乐团。他的童年，"从早到晚不停地排练、排练，没完没了"；在人们尽情娱乐的周末，他四处奔波，直到星期一的凌晨四五点，才可以回家睡觉。

　　童年的杰克逊，努力想得到父亲的认可，他"8岁成名，10岁出唱片，12岁成为美国历史上最年轻的冠军歌曲歌手"，但却仍得不到父亲的赞许，仍是时常遭到打骂。

　　心理学说：12岁前的孩子，价值观、判断能力尚未建立，或正在完善中，父母的话就是权威。当他们不能达到父母过高的期望而被否定、责怪时，他们即便再有委屈，但内心深处仍然坚信父母是正确的。杰克逊长大后的"强迫行为、自卑心理"等，应和父亲的否定评价有关。

　　父亲还时常嘲笑他："天哪，这鼻子真大，这可不是从我这里遗传到的！"杰克逊说，这些评价让他非常难堪。"想把自己藏起来，恨不得死掉算了。可我还得继续上台，接受别人的打量。"

　　其后，迈克尔·杰克逊的"自我伤害"，多次忍受巨大痛苦整容，应当和童年的这段经历有关。

　　杰克逊在《童年》中唱道："人们认为我做着古怪的表演，只因我总显出孩子般的一面……我仅仅是在尝试弥补从未享受过的童年。"

杰克逊说："我从来没有真正幸福过，只有演出时，才有一种接近满足的感觉。"

曾任杰克逊舞蹈指导的文斯·帕特森说："他对人群有一种畏惧感。"

在家中，杰克逊时常向他崇拜的"戴安娜（人体模特）"倾诉自己的胆怯感，以及应付媒介时的慌恐与无奈。

他和猫王的女儿莉莎·普雷斯利结婚，当时轰动了整个地球，但两人婚姻生活并不愉快。莉莎说："对很多事我都感到无能为力……感觉到我变成了一部机器。"1996 年他又与黛比·罗结成连理，但幸福的日子持续得也并不长，1999 年两人离婚；之后，他又与布兰妮交往甚密，但布兰妮却一直强调：我们只是好朋友。

杰克逊直言不讳地承认："没有人能够体会到我的内心世界。总有不少的女孩试图这样做，想把我从房屋的孤寂中拯救出来，或者同我一道品尝这份孤独。我却不愿意寄希望于任何人，因为我深信我是人世间最孤独的人。"

感到孤独的人很多，又或者说，每个人或多或少都有些孤独感。然而，千万不要让孤独成为一种常态，因为，这会令你找不到通向幸福的路。实际上，孤独的人，只要放下过去的包袱，敞开心门接纳这个世界，就可以找到人生的伙伴，找到爱情与友谊。

其实，没有人会为你设限，人生真正的劲敌，就是你自己。别人不会对你封锁沟通的桥梁，可是，如果自我封闭，又如何能得到别人的友爱和关怀？走出自己的狭小的空间，敞开心门，用真心去面对身边的每一个人，在收获友情和爱情的同时，你眼中的世界会更加美好。

07

邪恶在左，
善良在右

外貌的美是短暂的、表面的；精神的美才是内在
的、永恒的。当美的灵魂与美的外表和谐地融为一体，
人们就会看到，这是世上最完善的美。

善恶只在一念之间

　　善良是人性光辉中最美丽、最暖人的一面。没有善良、没有一个人给予另一个人的真正发自肺腑的温暖与关爱，就不可能有精神上的富有。我们居住的星球，犹如一条漂泊于惊涛骇浪中的航船，团结对于全人类的生存是至关重要的，我们为了人类未来的航船不至于在惊涛骇浪中颠覆，使我们成为"地球之舟"合格的船员，不但要把自己培养成勇敢的、坚定的人，更要有一颗善良的心。

　　有这样一个故事：

　　有个水鬼，到了该找替身的日子，但他看到遭遇悲苦、心灰意冷、到河边来寻短见的人，不但不设法迷惑人家，反倒心里不忍，爬上岸去帮助、劝人家不要做糊涂事。这样，他一次又一次失去了找替身的好机会，一拖就是一百年，他还是个受苦的水鬼。管理阴阳转换的天神气得把他叫来大骂："像你心肠这么软，怎么配做水鬼！"话刚说完，那水鬼就变成了神。

　　慈悲的心肠一定能为别人和自己带来幸运，善有善报是千古不变的道理。想一想，在过去的三个月中，你曾为别人做了哪些善事？

还有一则《长者与蝎子》的故事，相信你看完后一定会感动。

一位长者看见一只即将被淹死的蝎子，当他用手去救蝎子的时候，蝎子却狠狠地蜇了他一下。他疼痛难忍，不得不收回被蜇的手。看着还在水里挣扎的蝎子，他再次伸手相救，却又一次被蜇。有人对他说："您太固执了，难道您不知道每次去救它都会被蜇吗？"他回答说："蜇人是蝎子的天性，但这改变不了我乐于助人的本性呀。"最后长者找到一片叶子将蝎子从水中捞了上来，救了蝎子一命。

我们先不说蝎子的命是否重要，但长者"乐于助人的本性"，却值得我们这些自称为"人"的人好好地深思反省！在经济利益高于一切的今天，人们的一切活动无不与利益牵扯在一起，大至国与国之间的外交，小到身边的人际交往。许多不该发生的悲剧日复一日地重演；国际上，国与国之间的战争，种族的屠杀、恐怖袭击等，让无辜的人们在炮火声中血肉横飞，许多人在痛苦中，过早地萎谢了生命之花……在我们的身边，许多丑恶的违反人性的事件也层出不穷：面对即将淹死的人，几百人围观却无人出手相救；生活还算富裕的子女拒绝赡养年迈的父母，最后亲情反目，乃至法庭相见……善良在这里遭到践踏，看到或听到这些人与人之间的丑恶和悲剧，确实让人愤怒、沮丧和无奈。

但我们也应该看到人性善良的一面。许多善良的人们，为了世界和平、公民的平等，不断地努力争取；在国内的贫困地区，有些老师为了适龄儿童不再失学，用他们微弱的身躯，微薄的收入，支撑着一个村乃至几个村的教育；为了拯救病中的生命，许多不相识的人们捐献爱心等。这一切无不体现着人们的善良，人类的前景也因人们的善良充满着希望。

我们常常听到有人抱怨自己的朋友，如今发了财，做了大事，原来是我怎样怎样帮助的，到现在却忘恩负义。可以说，一个人假若没有善良，他的聪明、勇敢、坚强、无所畏惧等品质越是卓越，将来对社会构成的危害就越可怕。没有良心的朋友，到头来不会有好的结果。社会上有一些人，到处献爱心，并能固执地坚持自己善良的心，到处播撒善良的种子，一时被人认为是傻瓜。最后，才发觉这才是真正的大智慧，是一个无法用金钱来换的精神富豪，并且生活也很充实。

善良的情感及其修养是一道精神的核心，必须细心培养，要把善良的根植入每个人的心中。每个想成功的人，必须培养自己有一颗善良的心，以全身心的爱来迎接每一天。这样，也一定会得到社会的回报。

一个人可以在一念之间变成天使，也可以变成恶魔，那是因为人性中本就存在光明与黑暗的两面。当妄念太过于执着时，人便舍弃了光明的那一面，而走向黑暗，其结果也必将是黑暗的。人生如过眼云烟，最终必是一切成空。为恶一生所得的所有益处都无法带走。只有以无所求之心培养善心善行，方能得到"极乐"的赠予。

修补好灵魂的"破窗"

美国政治学家威尔逊及犯罪学家凯琳曾提出一个"破窗理论"，它是这样表述的：如果一座房子破了一扇窗，没有人去修补，时隔不久，其他的窗户也会莫名其妙地被人打破；一面墙，如果出现一些涂鸦没有被清洗掉，很快的，墙上就会布满了乱七八糟、不堪入目的东西；一个很干净的地方，人们不好意思丢垃圾，但是一旦地上有垃圾出现之后，人就会毫不犹疑地乱丢，丝毫不觉得羞愧。事实就是这样，"千里之堤，溃于蚁穴"，第一扇被打破的玻璃窗若不能及时得到修护，就有可能带来一系列的负面影响；同理，一些小的过错如果不能及时被发觉并加以改正，日久天长它就会演变成大错。

"勿以善小而不为，勿以恶小而为之。"其实我们从小到大都在接受这样的教育，但扪心自问，我们做得够不够好？想必很多人在这时会低下头。我们总是喜欢为自己开脱，认为犯点小错、做点小恶并没有什么，无伤大雅，但事实上，这种想法大错特错。就像佛门所说的那样："时时以为是小恶，作之无害，却不知时时作之，积久亦成大恶。犹水之一小滴，滴下瓶中，久之，瓶亦因此一滴一滴之水而满。故虽小恶，亦不可作之，作之，则有恶满之日。"也就是说，如果我们对小的恶念不能及时自觉且有效地加以修正，那么终将会因为无底的私欲酿成灾难，小则身败名裂，大则性命堪忧。因此，我们应该时常检点自己的行为，否则等到出现不良后果再深深痛悔，那是不是有点迟了？因为这怎么说，对于我们的人生而言都是一种负面影响。

我们不妨回忆一下，在我们身边有没有出现过类似的事情？——譬如，某个孩子到邻居家去玩，他无意中——注意！只是无意中——将人家的一个小耳环沾在衣上，并且将其带回了家。这时，如果是位有修养的家长，一定会问明原委，然后要求孩子将耳环送回去。但如果是一位见利忘义、极度自私的家长，他可能就会昧着良心将耳环留下，因为在他看来这不是什么大事。是的，这点事邻居不会追查，就算被发现也不够判刑。但结果会怎样？结果是，孩子的一个无意举动在家长的纵容下演变成了恶习，他开始经常性地从别人家乱拿东西，因为他是小孩子，又因为拿的东西不值钱，人家可能也不会追究。就这样，等孩子长大以后，原本的小偷小摸变成了大拿大偷，结果可想而知，他免不了要受到法律的制裁。

显而易见，这个责任应该归咎于自私的家长，孩子毕竟年少无知，辨别是非的能力不足，他们在成长过程中，学习、模仿最多的就是自己的父母。如果说父母能够以身作则、防微杜渐，那么孩子自然也不会差到哪去；如果说父母成了反面教材，时常表现出不好的行为习惯，那么孩子耳濡目染，想好都难！其实，这种事情是很常见的。比如某些家长不孝敬自己的父母，那么，他们的子女在长大以后就可能不会孝顺他们；譬如某些家庭经常打骂吵闹，那么，他们的子女长大以后脾气可能就会非常暴烈，动不动就会与人大打出手，乃至身陷囹圄……对于家长而言，他们在做出某些不良举动之时，可能并没有意识到问题的严重性，或许他们就只认为那是小事罢了。但事实上，就是这些所谓的小事，很可能会给他们及其子女日后的生活带来很大的影响，这或许就是我们常说的"善有善报，恶有恶报"吧。

所以我们一再强调："莫以善小而不为，莫以恶小而为之。"事实上，人之善恶不分轻重。一点善是善，只要做了，就能给人以温暖；一点恶是恶，只要做了，也能给人以损害。因此，生活中，我们必须谨言慎行。从一点一滴的小事上要求自己，做到能善则善。只有这样，我们才不至于在人生的沟沟坎坎中马失前蹄，断送我们本该美好的前途。

当诚信消失，灵魂堕入地狱

尽管我们付出诚信以后并不一定能够得到百分之百的信赖和友爱的回报，但时间长了总会有一双没有杂质的眼睛理解诚信，总会有一颗诚挚的心灵接纳诚信的光辉。

只是不知从何时起，诚信却开始被人们淡漠了，越来越多的灵魂开始趋向功利，而将诚信当作迂腐。这些人可能觉得自己很聪明，因为他们总是能够占得一些小便宜，这对他们来说很实惠，而且让他们更为得意的是，这种依靠不择手段获取的成绩，有时也能够博得不明真相的人的尊重。

但事实上，这些好处长久不了。道理很简单，每个人都有一种追求个人安全的本能，希望生活在自己周围的人都是友好的、诚信的，至少是对自己没有敌意的。如果身边出现了这样一个人：虚伪狡诈，唯利是图，那么任何一个人都会选择远避，这个没有诚信的人会逐渐被孤立，他的人生路肯定会越走越窄。

有一个享尽荣华的富翁死后下了地狱，他对现状不服，这是有原因的：在阳间里，他活得很好，有健康，有相貌，有金钱，有荣誉……他几乎什么都有，为什么死去以后要受折磨？他非常不满，一再要求去天堂。

上帝笑了笑，问他："你想去天堂，可是凭什么条件呢？"

富翁于是把他在人世间所拥有的一切都说了出来，之后他反问道："所有这些，难道不足以使我上天堂？"

说完之后他洋洋得意地笑了……

上帝待他说完以后，平静地问了一句："难道你不觉得自己身上少了什么东西吗？"

"我刚刚已经说了，我拥有很多东西，完全有资格上天堂！"富翁得意地笑着。

上帝继续引导他："你曾经抛弃了一种最重要的东西，难道你不记得了吗？在人生渡口上，你抛弃了一个人生的背囊，是不是？"

他终于想起来了：年轻时，有一次乘船过海，遇上了大风浪，小船险象环生，老船工让他抛弃掉一样东西，他想来想去，金钱、相貌、荣誉……他舍不得，最后，他选择了抛弃诚信……可是他还是不服气，争辩道："不能因为这样就让我进入可怕的地狱，我还是有资格上天堂的！"

上帝变得很严肃："可是自那以后你都做了什么？"他回想着……那次回家后，他答应妻子永远不背叛她，答应母亲要好好照顾她，答应朋友要一起做事业。后来……他继续回想着……自己在外面有了情人，母亲为此劝告他，他索性再也不管母亲了；他和朋友做生意，最后却把朋友的那一份也吞掉了……"

上帝打断他："看到了吗？丢掉诚信以后，你做了多少背信弃义的事？天堂是圣洁的，怎能让你这种人进去呢？"

他沉默了，他终于明白，自己其实不是无所不有，而是一无所有：爱情、亲情、友情……统统都随诚信而去了。

上帝看着他，说道："一个没有诚信的人，亲友、同事、客户以及所有周边的人都不会再相信他，要与他保持一定的距离，在人间如此，在天堂亦不例外！天堂里不欢迎你这种人，你还是下地狱去吧！"

当信用消失的时候，灵魂也就堕入了地狱。

无论在世界上的哪一个国家，诚信都是做人的根本，是人的名誉根本，是魅力的深层所在。现在的生意场上，企业做广告做宣传，树立企业在公众中的形象，就是想提高企业的信用度。信用度高了，人们才会相信你，和你来往，成交生意。不过，企业的信用度需要靠产品的质量、优良的服务态度来实现，而非几句响亮的广告词、几次优惠大酬宾便可做到。人的信用也是如此。

吹牛皮的人可以用嘴巴将火车吹着跑。人的信用，不是靠三寸不烂之舌便可"吹"起来的，要看实实在在的行动。说得天花乱坠，而做起来又是另一套，只会让人更厌恶，更看不起，何谈为人的信用？获得众人的信任，铸就自己的信誉，不论你采取何种方法，笃诚、守信才是最根本的要诀。

在江苏兴化市有一位叫汪东奇的青年，就用自己的行动为我们诠释了"诚"的真谛。

汪东奇是兴化市张阳小区福彩投注站的业主，一天，他按照一位李姓彩民的要求，垫款代买了56元的彩票。但是一直到晚上关门停止营业，彩民也没来取彩票，汪东奇只好将彩票带回家。当晚，汪东奇像平常一样收看摇奖结果。不得了！那张自己垫款代买的彩票中了500万的巨奖！汪东奇和妻子惊喜不已，没有片刻犹豫，立即拨通了李姓彩民的电话。最初李先生还以为他是在开玩笑，不敢相信自己中了大奖，也不敢相信别人将中了奖的彩票这么轻易地交给自己。

"是别人的彩票就应该给人家！"朴素的语言，并没有说出自己伟大行为的闪光点，但是，其诚信的内动力足以让这个社会上的大多数人汗颜！其实，汪东奇一家五口至今仍挤住在50多平方米的住宅里，他与妻子先后下岗，打了一段时间的零工以后才攒足钱开办了这样一家福利彩票代售点。此事发生前不久，他不满10岁的儿子因为烫伤到上海做手术就花了两万多元。而且，彩票不记名、不挂失，汪东奇与彩民之间又没有任何协议，完全可以找个借口不归还彩票。对于这对清贫的夫妻来说，503.9万元是个巨大的诱惑，但两个人都没有一丝动摇。正如汪东奇一家所说："假如将彩票据为己有，这辈子经济上是没问题了，但精神上将欠一辈子的债，生命也就结束了。"

一个人，能将诚信视为生命，以光明磊落的形象，彰显自己的魅力，这样的人即使物质清贫，但谁不说他是精神上的富翁？谁不觉得他是个高贵的人？

在这个诚信危机的时代，物欲的极度膨胀把诚信物化成经济利益，维系着人与人之间脆弱微妙的关系。要维持人与人之间的关系纽带不至于崩裂，我们最需要的就是这种诚信精神。希望大家都能将诚信当成刚刚从我们生命的原野上破土而出的嫩芽，格外地去呵护它、培植它、浇灌它，让这株岌岌可危的弱小苗木，最终长成参天的大树，结出芬芳的桃李。

保持本色，守住做人的原则

　　不能坚持自己的原则、谨守自己底线的人，就好像墙上的无根草，随风飘摆不定，找不到自己的方向。这样的人，是得不到别人信任的，更谈不上成功。如果你自己都不确定想要什么，不要什么，别人又怎么给你呢？所以不要为了谋取小功小利而不择手段，甚至放弃自己的最后一项原则。一旦原则丧失，未来就只能任凭别人的摆布与欺骗。

　　有这样一则故事：

　　国外某城市公开招聘市长助理，要求必须是男人。当然，这里所说的男人指的是精神上的男人，每一个应考的人都理解。

　　经过多番角逐，一部分人获得了参加最后一项"特殊考试"的权利，这也是最关键的一项。那天，他们云集在市政府大楼前，轮流去办公室应考，这最后一关的考官就是市长本人。

　　第一个男人进来，只见他一头金发熠熠闪光，天庭饱满，高大魁梧，仪表堂堂。市长带他来到一个特建的房间，房间的地板上洒满了碎玻璃，尖锐锋利，望之令人心惊胆寒。市长以威严的口气说道："脱下你的鞋子！将桌子上的一份登记表取出来，填好交给我！"男人毫不犹豫地将鞋子脱掉，踩着尖锐的碎玻璃取出登记表，并填好交给市长。他强忍着钻心的痛，依然镇定自若，表情泰然，静静地望着市长。市长指着大厅淡淡地说："你可以去那里等候了。"男人非常激动。

市长带着第二个男人来到另一间特建的房间，房间的门紧紧关着。市长冷冷地说："里边有一张桌子，桌子上有一张登记表，你进去将表取出来填好交给我！"男人推门，门是锁着的。"用脑袋把门撞开！"市长命令道。男人不由分说，低头便撞，一下、两下、三下……头破血流，门终于开了。男人取出登记表认真填好，交给了市长。市长说道："你可以去大厅等候了。"男人非常高兴。

就这样，一个接一个，那些身强体壮的男人都用意志和勇气证明了自己。市长表情有些凝重，他带最后一个男人来到特建的房间，市长指着房间内一个瘦弱老人对男人说："他手里有一张登记表，去把它拿过来，填好交给我！不过他不会轻易给你的，你必须用铁拳将他打倒……"男人严肃的目光射向市长："为什么？""不为什么，这是命令！""你简直是个疯子，我凭什么打人家？何况他是个老人！"

男人气愤地转身就走，却被市长叫住。市长将所有应考者集中在一起，告诉他们，只有最后一个男人过关了。

当那些伤筋动骨的人发现过关者竟然没有一点伤时，都惊愕地张大了嘴巴，纷纷表示不满。

市长说："你们都不是真正的男人。"

"为什么？"众人异口同声。

市长语重心长地说道："真正的男人懂得反抗，是敢于为正义和真理献身的人。他不会选择唯命是从，做出没有道理的牺牲。"

我们是不是应该从中感悟到什么？人的成功离不开交往，交往离不开原则。只有坚持原则的人，才能赢得良好的声誉，他人才愿意与你建立长期稳定的交往。坚持原则还可以使人们拥有正直和正义的力量。这使你有能力去坚持你认为是正确的东西，在需要的时候义无反顾，并能公开反对你确认是错误的东西。

坚持原则还会给我们带来许多，诸如友谊、信任、钦佩和尊重等。人类之所以充满希望，其原因之一就在于人们似乎对原则具有一种近于本能的识别能力，而且不可抗拒地被它所吸引。

那么，怎样才能做一个坚持原则的人呢？答案可以有很多，但其中重要的一个就是：要锻炼自己在小事上做到完全诚实。当你不便于讲真话的时候，不要编造小小的谎言，不要在意那些不真实的流言蜚语，不要把个人的电话费用记入办公室的账上等等。这些听起来可能是微不足道的，但是当你真正在寻求并且开始发现它的时候，它本身所具有的力量就会令你折服。最终，你会明白，几乎任何一件有价值的事，都包含着它自身不容违背的内涵，这些将使你成功做人，并以自己坚持原则为骄傲。

每个人都应该这样——保持本色，坚守做人的原则，不忘我们做人之根本，是我们在这个世上立足立身之基础所在。

别让"小我"彻底控制你

陈静是个爱斤斤计较的人，容不得别人丝毫的冒犯。即便是在市场买菜，她也会因为一角钱与小贩争执起来，互不相让。她的家庭、朋友关系都非常不好，整天缠绕在你吃亏、我占便宜这些毫无意义的琐事上，你争我嚷没完没了。陈静似乎永远都在争长短，又永远都争不出长短。

钟立强天性敏感，时时徘徊在敏感的漩涡中。今天领导的一个神色不对，明天人家的一句失语，都会使他不停地探究下去，纠缠在心灵之网中，仿佛受到了极大的伤害。总之，无论发生了何事，都会在他心里无限扩大，从而引起心灵的强烈震动，并以各种发泄渠道表现出来。

以上的两个例子就是"小我"在作祟。小我是怎么回事？

打个比方说，有些人不愿意帮助他人，不愿与他人分享资讯，甚至去陷害别人，这就是受到了"小我"的控制。因为小我是不允许别人比"我"成功的。

对小我来说，"我"的利益应该是最大的，而分享是个陌生词，除非隐藏着其他动机。所以它对别人成功的反应，就好像是别人从"我"这里拿走了什么。

在小我看来，"我"永远是比别人好的。小我渴望的就是这种优越感，而经由它，小我强大了自己。打个比方来说，假如你正打算将某一重要消息告诉某人，"我有件大事要告诉你，很重要的，你还不知道吧？"这个时候在小我眼中，"我"已经和他人之间产生了施与受的不平衡：那短短的一瞬间，你知道的比别人多——那个满足感就来自于小我，即便对方各个方面都比你强，你在那一刻也有更多的优越感。生活中，很多人对小道消息特别上心，就是因为这个缘故。非但如此，他们通常还会在表达时加上恶意的批评和判断，这也是受到了小我的指挥，因为每当你对别人有负面评价的时候，优越感就自然会油然而生。

无论小我显现出来的行为是什么，背后潜藏的驱动力始终都是：渴望出类拔萃、显得与众不同、享有掌控；渴望权力、受人关注、索求更多。

我们每个人的内心深处都有一个紧缩着的"小我"，无论有任何异动，"小我"都能首先做出反应，并以自我保护为出发点产生阻抗心理，心理反应严重的还会将其泛化，表现为性情孤僻、自我贬值，有的则喜怒无常，行为夸张。

贪婪、自私、剥削、残酷和暴力……小我的能量令人恐惧。

当然，小我也不能说是坏人，它的初衷就是为了完完全全地保护"我"，它很希望事情如你所愿地发生，所以会希望你能听听它的，即便那是坏的、有害的，但小我意识不到这一点。

小我是一种客观的存在，人类根本不可能完全脱离它，但却可以控制它，让小我与真我达到和谐。事实上，很多人都可以不接受小我的控制，比如在某些领域有特殊成就的人，他们可能是教师、医生、艺术家、科学家、美容师、志愿者、社会工作者等。他们在工作时，基本可以从小我中解脱出来，这个时候，他们所追寻的不是自我，而是顺应当时之所需，他们专注的是当下、是工作，是要服务的人，这些人对其他人的影响，远超过他们提供的功能所带来的影响。

这样看来，其实那个紧缩的"小我"不过是人们心灵深处的无常而短暂的感觉罢了，并不是一个真实的、坚固的实体。如果我们明白了"小我"竟然是这么的"空无"，就会停止认同它、护卫它、担忧它。如此一来，我们就摆脱了长久以来的痛苦和不快乐。

我们爱自己，才能原谅和接受自己的不完美；爱他人，才会从对方的角度考虑事情，多一分谅解和宽容；爱这个世界，才能在内心深处充满感恩和赞美，使生命更加走向完满。

一旦冷漠无情，灵魂就已瘫痪

人情冷漠这个词由来已久，否则我们不会看到"各人自扫门前雪，莫管他人瓦上霜""事不关己，高高挂起""多一事不如少一事"等一系列词汇的传播。只是近些年来，这种思想在逐渐被扩大化，如今的老人摔倒无人扶、货车侧翻遭哄抢、城市邻里的老死不相往来，似乎每个人都成了孤家寡人，人情的淡漠让人们感到可怕，感到孤独。

林凡，因为感觉单位的人文氛围不好，同事间缺少关心与合作，弥漫着虚伪与冷漠，屡屡想要辞职，但都被保守的父母压了下来。

那天，林凡出差，他的两个妹妹被邀到宿舍楼来看家。夜里 11 点多，两个女孩被一阵剧烈的敲门声惊醒。姐姐惊骇地披衣下床，大声问："谁？"

没有人回答，敲门声却未停。巨大的声响在寂静的冬夜里显得粗暴又恐惧。

妹妹也下了床，在姐姐身后慌慌地张望。姐姐壮胆又喊了一句："不说话我要叫人了。"

敲门声骤然停顿一下，接着便更加疯狂地响了起来。极度的恐惧让她们不敢通过猫眼去看看是什么"东西"在作怪。房内还没装电话，与外界联系的唯一方法只能靠她们的声音了。两姐妹冲到阳台上，用发抖的声音大喊："来人呀，有贼撬门，救命呀……"

传达室里出来几个人。然而，他们只是朝五楼的她们看了一眼，便回传达室继续玩牌去了。她们清楚地看到哥哥的同事中仍有未熄灯者，但她们的呼救声就像军营熄灯号一样，令周围顿时陷入一片漆黑。罪恶的敲门声掺和着两个女孩的绝望求救声，整整持续了半个钟头。没有听到任何回应，夜显得如此狰狞。

当一切都沉寂下来，两姐妹颤抖着抱成一团，彼此只听到对方"突突"的心跳。她们穿戴整齐地坐在床上，床头放着两把从厨房里找到的、发着寒光的菜刀。

第二天，林凡匆匆飞了回来，愤怒的他终于查出了事情的真相：住在楼下的一个同事喝醉了酒，认错了房间，以为妻子不给他开门……一个月后，他辞了这份收入颇丰的"铁饭碗"，理由只有一个：他不能让自己处在一个漠视生命的群体中。

这回，保守的父母没有再拦他……

当下，我们的社会上一直在提倡营造"和谐"？可是，怎么和谐？和谐靠什么来营造？答案很简单，要靠"人和"。也就是说，在社会中生活的每一个人，都要与人为善，以善良的一面去对待别人，才能提升整体的社会氛围，从而达到"老吾老以及人之老，幼吾幼以及人之幼"的社会环境。换而言之，如果有人倒地而没有人去搀扶，那么这个社会不会真正和谐；如果公交车上为争一个座位而大打出手，那么这个社会远没有达到和谐；如果所有人的心里就只有自己，各自打扫门前雪，不管他人瓦上霜，那么人与人之间想"和谐"都难。

　　这或许不是我们的错，但确实是我们让自己变得越发冷漠，我们让自己的人性中少了一些很重要的东西——关爱与信任。诚然，我们即使不做善事，但只要不为恶，也没有人会拿我们怎样，也没有人会认为我们就是坏人。但是，我们会不会觉得，自己的心中有一丝难过？尤其是当我们看到病痛中的老人蜷伏在地、看到可怜的孩子疼痛哭泣时，我们是不是真的可以无动于衷？相信，多数人的心都会隐隐作痛，因为我们的本性是善良的！只不过，有些时候，我们被某些人为及非人为的因素所限制，变得有些懦弱，而要改变这种状态，需要的是整个社会的努力。

　　是的，这需要我们每一个人都去改变，将懦弱改为侠肝义胆，将冷漠改为古道热肠，如果社会中的每一个人都能如此，我们在做善事时就不会再有所顾虑。反之，倘若就这样冷漠下去，那么人与人之间最珍贵的情义将不复存在，整个社会将会陷入沦落。毋庸置疑，我们都不想在这样的社会氛围中生活。

　　进一步说，推己及人，倘若我们希望别人对自己好一点，对我们的老人、孩子好一点，那么我们是不是应该率先做出个样子？事实上，我们一念之间种下一粒善因，便很有可能会收获意想不到的善果。与人为善，又何尝不是与己为善？当我们为人点亮一盏灯时，是不是同时也照亮了自己？当我们送人玫瑰之时，手上是不是还留有着那缕芬芳？

其实，我们怎样对待别人，别人就会怎样对待我们；我们怎样对待生活，生活也会以同样的态度来反馈我们。譬如说，当我们再为别人解答难题时，是不是也让自己对这个问题有了更进一步的理解；当我们主动清理"城市牛皮癣"时，不仅整洁了市容，是不是也明亮了自己的视野？……诸如此类，举不胜举。

所以，在平常的生活里，我们不要吝啬自己的善行。给马路乞讨者一块蛋糕；为迷路者指点迷津；用心倾听失落者的诉说……这些看似平常的举动，都可以渗透出朴素的爱，折射出人类灵魂深处的光芒，不但照亮了别人，也照亮了我们自己。

己所不欲，勿施于人

种瓜得瓜，种豆得豆。向别人扔污物的人，总是把自己弄得最脏！

"己所不欲，勿施于人"出自《论语·卫灵公》。当时子贡问孔子："有没有一句话可以用来终身奉行？"孔子告诉他："大概只有'恕'吧！自己所不想要的一切，也就不要强加给别人。"这句话传承了两千年，是儒家文化的精华之处，更是自古以来有道德有修养的人所奉行的格言警句。

"己所不欲，勿施于人"的"恕道"，孔子将其作为奉行一生的座右铭，推荐给了自己的弟子。如今，我们常说"将心比心"，这实际上就是在推行"己所不欲，勿施于人"的"恕道"。是的，自己不想要的东西，何必强加给别人？人应该宽恕别人，这才是仁义的表现。孔子的话揭示了处理人际关系的重要原则：如果我们都能够以对待自己的行为作为参照，来对待他人，就一定会得到别人的尊敬。

然而遗憾的是，世道人心，往往脱离不了私欲的桎梏。我们之中或许就有许多人，总是习惯将自己不想做的事情推给别人，将自己不想要的东西转嫁到别人手中。反之，自己钟情的事物，则绝不肯与人分享了。这种"己所欲，悭施于人"的现象之所以会普遍存在，说到底还是因为有自私的本性在作祟。

我们应该认识到，"己所不欲，勿施于人"这是做人的一种基本修养。你不想别人怎样对你，那你最好就不要那样对待别人。譬如说，你不想被人利用，那么请不要利用别人；你不喜欢别人对你说谎，那么自己就不要说谎；你不喜欢别人怠慢于你，那么也就不要怠慢别人……有道是"种什么因，收什么果"，你所有的行为，最后又都会回到你自己的身上。因为，你对别人的一切思想及行为，都会经由自我暗示的原则，毫无遗漏地记录在你的潜意识之中，那么，它们就会影响你的个性。正所谓"物以类聚，人以群分"，你的个性就相当于一个磁场，它会把同类人带到你的身旁，所以你也难免会有被身边人不公对待的一天。

所以说，"己所不欲，勿施于人"不仅是对别人的一种善待，同时也是在善待我们自己。如果我们都能以推己及人的方式去处理问题，那么就能够创造一种重大局、尚信义、不计前嫌、不报私仇的良好社会氛围。坚持"己所不欲，勿施于人"，就能够减少一些不必要的摩擦与误会，就能够达到人际关系的真正和谐。反求诸己，推己及人，结果往往会皆大欢喜。

中国自古以来便是崇尚道德的礼仪之邦，在我国历史上，曾出现过很多推己及人的先贤，譬如我们所熟知的神话故事"大禹治水"，就是"己所不欲，勿施于人"的典范。

当年，大禹刚刚与涂山氏完婚，正处于蜜月期，按常理说应该好好在家陪伴妻子。但是，大禹心里放不下生活在水深火热之中的百姓，他一想到有人被洪水淹死，心里就像自己的亲人蒙难一样，苦痛万分。于是，他依依不舍地告别妻子，带着治水群众夜以继日地对洪水进行疏导。在整个治水过程中，大禹三过家门而不入，当他消除水患、凯旋之时，他的儿子启已经长成了少年。

到了战国时期，有个叫白圭的人与孟子谈起"大禹治水"一事，他觉得大禹的做法很愚蠢，并夸口道："如果让我治水，肯定要比禹做得好。我只要将河道打通，让洪水流到邻近的国家就可以了，这会省很大的人力、物力！"孟子很不客气地驳斥道："你说的话错了。大禹治水是把四海当作大水沟，顺着水性疏导，让水自然都流进大海，与己有利，与人无害。而你的方法，把邻国当作大水沟，结果洪水都流到别国去，对自己有利，对别人却有害。这种治水的方法，怎么能与大禹的相比呢？何况，你这样做，别人也可以这样做，到时洪水将逆流回来，会造成更大的灾难！"

从"大禹治水"和"白圭谈治水"这两件事我们可以看出，白圭虽然有几分能耐，但人品真的有待提高。他心里只想着自己，却不考虑别人，这种"己所不欲，反施于人"的错误思想，最终难免要害人害己。大禹就不一样了，他把洪水引入大海，虽然费时费力，但这样做不但能够消除本国人民的灾害，同时又不会伤害到邻国，这种推己及人的精神及行为才是为人处世的正道。

事实上，"推己及人"这种设身处地替人着想的道德情怀不仅仅在华夏大地，就是在全世界也有着广泛的影响。据说，孔子的那句"己所不欲，勿施于人"，就悬挂在国际红十字会的总部里。由此可见，营造良好和谐的人际关系，这是不同国界、不同种族、不同人群的共同愿望。

咱们中国有句俗语："人和万事兴。"但是在现实生活中，人与人之间又常常不可避免地发生矛盾，有时即使是血缘至亲也会怒目相向、拳脚相加。可事实上，这其中有许多矛盾是可以避免的，只要对别人多一些理解，多一些宽恕，自己无法接受的事情也不去强迫别人，这样，世界上就会和谐很多。毫无疑问，这"推己及人"的道德情怀，就是实现和谐社会的助推器。如果说全世界人民都能时时处处推己及人，那么我们就一定能够看到全球的和谐、共荣。

为人为己，点亮一盏明灯

　　人们需要善良，世界需要善良，自己也需要善良。因为，善待他人就是善待自己，亦如俗话所说的那样——授人玫瑰，手留余香。

　　现实生活中，有些人不讨人喜欢，甚至四面楚歌，主要原因不是大家故意和他们过不去，而是他们在与人相处时总是自以为是，对别人随意指责，百般挑剔，人为地造成矛盾。只有处处与人为善，严以责己，宽以待人，才能建立与人和睦相处的基础。在很多时候，你怎么对待别人，别人就会怎么对待你。这就教育我们要待人如待己。在你困难的时候，你的善行会延伸出另一个善行。

　　漆黑的夜晚，一个远行寻佛的苦行僧到了一个荒僻的村落中，漆黑的街道上，村民们你来我往。

　　苦行僧走进一条小巷，他看见有一团晕黄的灯从静静的巷道深处照过来。一位村民说："瞎子过来了。"

　　瞎子？苦行僧愣了，他问身旁的一位村民："那挑着灯笼的人真是瞎子吗？"

　　他得到的答案是肯定的。

　　苦行僧百思不得其解。一个双目失明的盲人，他根本就没有白天和黑夜的概念，他看不到高山流水，也看不到桃红柳绿的世界万物，他甚至不知道灯光是什么样子的，那他挑一盏灯笼岂不可笑吗？

那灯笼渐渐近了，晕黄的灯光渐渐从深巷移游到了僧人的鞋上。百思不得其解的僧人问："敢问施主真的是一位盲者吗？"

那挑灯笼的盲人告诉他："是的，自从踏进这个世界，我就一直双眼混沌。"

僧人问："既然你什么也看不见，那为何挑一盏灯笼呢？"

盲者说："现在是黑夜吗？我听说在黑夜里没有灯光的映照，那么满世界的人都会和我一样什么也看不见，所以我就点燃了一盏灯笼。"

僧人若有所悟地说："原来您是为了给别人照明啊。"

但那盲人却说："不，我是为自己！"

"为你自己？"僧人又愣了。

盲人缓缓地向僧人说："你是否因为夜色漆黑而被其他行人碰撞过？"

僧人说："是的，就在刚才，我还不留心被两个人碰了一下。"

盲人听了，深沉地说："但我却没有。虽说我是盲人，我什么也看不见，但我挑了这盏灯笼，既为别人照亮了路，也更让别人看到了我。这样，他们就不会因为看不见而碰撞我了。"

苦行僧听了，顿有所悟。他仰天长叹说："我天涯海角奔波着找佛，没有想到佛就在我的身边。原来佛性就像一盏灯，只要我点燃了它。即使我看不见佛，佛也会看得到我。"

爱是心中的一盏明灯，照亮的不仅仅是你自己。对于一个盲人而言，黑夜与白昼何来区别？然而，灯笼的光线虽然微弱，却足以让别人在黑暗中看到他的存在。他的善行照亮了别人，同时也照亮了自己，这看似有悖常理的行为，才是人生中的大智慧。

可见，无论做人还是做事，与人为善都是一个最基本的出发点。然而可悲的是，在这个急功近利浮躁不堪的时代，有一些人竟然错把善良当作迂腐和犯傻。这些人自以为聪明，其实是身在苦中不知苦。所谓"苦海无边，回头是岸"，让我们做一个善良的人，这是我们做人的底线。因为善良这种品质正是上天给我们的最珍贵的奖赏。

给予比接受更幸福

当"给予"一词出现时，获得也就应运而生了。给予与获得是一对双胞胎兄弟，世间的一切有了给予，相应就存在获得，当给予彻底消失时，获得也就不复存在了。

人人都想获得，却往往忽视了这样一个真理——有付出才会有回报！若是将获得比作浩瀚宇宙中一颗璀璨绚丽的明星，那么，给予便是通天之梯，只有爬上这座梯桥，才能伸手摘下星星。正所谓"一分耕耘一分收获"，当你真正懂得了给予，获得才会伸展开它看似吝啬的翅膀，向我们飞来。

有个女孩名叫辛迪。她有一个和睦的家，日子过得也不错。但这个家从一开始就缺少了一样东西，只不过辛迪还没有意识到。

辛迪9岁那年，有一天到朋友德比家去玩，留在那儿过夜。睡觉时，德比的妈妈给两个女孩盖上被子，并亲吻了她们，祝她们晚安。

"我爱你。"德比的妈妈说。"我也爱你，妈妈。"德比说。

辛迪惊奇得睡不着觉。因为在这以前从没人吻过她，也没人对她说爱她。她觉得，自己家也应该像德比家这样才对呀！

第二天辛迪回到家里，爸爸妈妈见到她非常高兴。"你在德比家玩得开心吗？"妈妈问道。

辛迪一言不发地跑进了自己的房间。她恨爸爸妈妈：为什么他们从来都不吻她，从来都不拥抱她，从来都不对她说爱她呢？

那天晚上，上床前，辛迪特地走到爸爸妈妈跟前，说了声"晚安。"妈妈也放下手中的针线活，微笑着说："晚安，辛迪。"除此之外，他们再没有别的表示了。

辛迪实在受不了了！"你们为什么不吻我？"她问道。妈妈不知道如何是好："嗯，是这样的，"她结结巴巴地说，"因为，因为我小的时候，也从没有人吻过我，我还以为事情就该这样的呢。"

辛迪哭着睡去了。好多天，她都在生气。最后，她决定离家出走，住到德比家里。

她收拾好自己的背包，一个字也没留下就走了。可是，当她来到德比家时，却没敢走进去。

她来到公园，在长椅上坐着，想着，直到天黑。突然，她有了一个办法。只要实施这个办法，这个办法一定会起作用的。

她走进家门时，爸爸正在打电话，妈妈冲她喊道："你到哪里去了？我们都快要急死了呢！"辛迪没有回答。她走向妈妈，在妈妈的右颊上吻了一下，说："妈妈，我爱你。"辛迪又给了爸爸一个拥抱："晚安，爸爸。"她说："我爱你。"然后，辛迪睡觉去了，将她父母留在厨房里。第二天早晨，辛迪又吻了爸爸和妈妈。在公共汽车站，辛迪踮起脚尖吻着妈妈，说："再见，妈妈。我爱你。"

每天，每个星期，每个月，辛迪都这样做。爸爸妈妈一次也没有回吻过辛迪，但辛迪没有放弃。这是她的计划，她要坚持下去。

有天晚上，辛迪睡觉之前忘了吻妈妈。过了一会儿，辛迪的房门开了，妈妈走进来，假装生气地问："我的吻在哪里？嗯？"

"哦，我忘了。"辛迪坐起来吻妈妈："晚安，妈妈，我爱你。"

辛迪重新躺到床上，闭上了眼睛。但她的妈妈没有离开，妈妈终于说："我也爱你。"她弯下腰，在辛迪的右颊上吻了一下，说："千万别再忘了我的吻。"

许多年以后，辛迪长大了，有了自己的孩子。她总是将自己的吻印在小宝贝粉红的脸颊上。

每次她回家时，她的妈妈第一句话就会问："我的吻在哪里？嗯？"当她离开家的时候，妈妈总要说："我爱你，你知道的，辛迪？"

"是的，妈妈，我知道。"辛迪说。

当我们问出"我的吻在哪里"时，我们也该想想：我的吻给了谁？若要得到，首先自己就应该付出。感情也是一样，想要别人对你好，你首先得善待别人。去爱别人吧，爱你的家人和朋友吧，你必将会收到一个充满爱的世界。

我为人人，心中需有爱

一位虔诚的牧师得到上帝允许，前去参观天堂与地狱。

天使先将他领入一个房间，对其说道："这里就是地狱。"

牧师放眼看去，只见许多人正围着一口热气腾腾的大锅干坐，他们面黄肌瘦，口水直流，眼中直放绿光，却始终无法进食。原因就在于，他们每人手里虽有一只汤勺，但勺柄太长，根本无法将食物送进口中。

牧师长叹一声，又随天使来到天堂。

牧师惊奇地发现，天堂与地狱的陈设竟然一模一样，同样是一群人围着一口冒着蒸汽的大锅，每人手中同样握有一把勺柄极长的汤匙。所不同的是，这里的人全部精神饱满，面色红润，有吃有喝，有说有笑，显得极为快乐。

牧师不解，问天使："为什么在相同的条件下，这里的人充满快乐，而那边的人却愁眉不展呢？"

天使微笑着说："难道你没有发现，那边的人都只顾着自己，宁愿饿死，也不肯相互合作，而这里的人都懂得拿长的汤匙喂对方吗？"

天堂与地狱只是一线之隔，心中有他人，你就会置身于天堂之中；放不下自私的情结，你就只能在地狱中沉沦。

　　人的一生，不可能完全封闭，不能孤立于社会及他人之外，需要有他人的关爱与帮助，同时也应该为他人付出自己的爱。遇事还是要多替别人着想，替别人着想也就是为自己着想，我为人人，得到的回报自然是人人为我，不要像蜜蜂一样，刺痛了别人，也害死了自己。

　　在平时把他人装在心中，心中的灵光自然会帮助我们突破一切障碍，迎接爱的光芒；道德的觉醒，可以帮助我们在麻木的社会中逆风而行，打开心灵的爱之门。不需要你有多伟大，哪怕只是赠人一支玫瑰这样微不足道的小事，但它带来的温馨都会在赠花人和受花人的心底慢慢升腾、弥漫、覆盖；它的香味，都会萦绕在赠予者与受予者之间。

　　在我国西部某省曾发生过这样一件事：

　　一座煤矿在凌晨突然停电，9名矿工被迫停止作业，他们只能在漆黑的矿井中等待。然而他们等来的不是光明，而是比停电更可怕的泥石流！

　　泥石流轰隆隆地涌向他们，本能的求生欲望令他们拼命往主巷道跑，慌乱中，一名矿工不小心被矿车夹住，动弹不得，另一名矿工也陷入泥坑。其余7名矿工停止了奔跑，不约而同地说："不能再跑了，救人要紧！"他们使劲将两名同伴拽了出来，躲过了死神的第一劫。

　　在主巷道50多米处，他们又开始了与死神的第二次较量。泥石流滚滚向前，随时都有淹没他们的可能。跑了一段时间以后，他们齐心协力用煤块、石块和矿车垒起一道厚厚的墙阻挡泥石流，然后再退到主巷道110米处，找到通风巷。

　　很显然，在这种极度恶劣的处境下，光有氧气是远远不够的，吃喝是他们面临的又一个重大问题。矿井中没有任何食物，他们一起商量生路，同时想到了吃树皮。这样下去不知要等多久，但每个人都很疲劳，一起出动寻找树皮势必会浪费有限的精力。一个年长的矿工决定将大伙分成三组，按时间轮流到不远处扒柳木矿柱的树皮。光吃树皮没有水，一个年轻的矿工冒着危险在通风巷附近找到了一个可以供他们喝很长时间的水坑，这一喜讯极大地刺激了他们求生的信念。喝水时，他们并没有只顾及自己，扒树皮用的力气较大，年轻的矿工扒树皮给年长的吃，年长的用矿帽舀来水让年轻的喝。饥饿和黑暗像猛兽一样威胁着他们，他们的身体越来越虚弱。在黑暗中，有人困顿时，年长的就会给他们讲自己一生当中遭受的磨难，一名老矿工说："我一生当中经历了很多次比这更大的危险，现在我不是都挺过来了吗？人生的路还很长，眼前的危险算得了什么？再坚持坚持，肯定会有人来救我们的。只要有一线希望我们就决不能放弃！"长者的鼓励使那些虚弱的矿工信心陡增，他们又开始了新一轮的抗争……

就在他们在黑暗中与死神较劲的同时，外边的营救人员也在争分夺秒，想尽一切办法，动用一切力量营救他们。8天8夜之后，他们终于得救了。他们创造了生命的奇迹。

如果不是互爱互助，这个故事完全有可能是另一种结局：自私自利、只顾自己的矿工们可能全部遇难，但他们用团队精神赢得了生命的尊严和希望。这里闪现的是一种人性的光芒，那就是爱！爱自己也爱别人。心中有他人，灵魂闪烁的光芒可以穿透尘世中的一切黑暗；心中只有自己，即便你置身于光明之中，灵魂也终将被黑暗所吞噬。

你的精神需求最终会告诉你，当别人因为你而感到幸福时，人生才会更加快乐、更有意义。所以，当你有能力帮助需要帮助的人时，记着"赠人玫瑰，手有余香"，请伸出你的手，捧出你的同情心，不要犹豫。

愿意分享，便会有双倍的幸福

那是一个阳光明媚的午后，在山西一个偏远而清苦的山村，来自大洋彼岸的金发女孩玛丽亚，正在心中慨叹这里的生活实在太穷困了。

忽然，她的目光被一株百年老树下一位白发苍苍的老妇人吸引了过去。老人衣着简单，微眯着眼睛，一脸慈祥地跟一个小男孩说笑着。玛丽亚好奇地停下脚步，不远不近地站定了。她听到老人给小男孩出了一个字谜："一人本姓王，怀揣两块糖。"那个小男孩显然此前听说过这个字谜，立刻大声回答："是金。"老人满意地咧嘴笑了，从贴胸的衣兜里掏出两块水果糖，一块递给男孩，一块送到自己嘴里，两人甜甜地吮吸着，似乎正享受着无边的幸福。

玛丽亚羡慕地望着面前这被快乐包围着的一老一少。蓦然，她想起了祖母的那栋带大花园的漂亮别墅，想起常常邀请一帮孩子到家中分享她的糖果和故事的祖母，想起祖母和孩子一样单纯而畅快的笑声。

原来，快乐和幸福，就像阳光一样无所不在。一个人，无论身处怎样的境遇，无论是富庶还是清贫，只要他怀揣着两块糖，一块慷慨地赠人，一块留下自己慢慢品尝，就自有真实的快乐如泉涌来，自有绵绵的幸福飘逸在生活当中。

就是那两块普通的水果糖和那两张纯朴的笑脸，让玛丽亚做了一个一生骄傲的选择——留在中国西部，做一名帮贫助困的志愿者，播撒更多的快乐和幸福。

后来，玛丽亚和村里人一起劳动，给村里的孩子上课，还帮着山村招商引资，办起了一个山货加工厂，让那里的山民的日子一天天富裕起来。村民感激地称她是"幸福天使"，她却笑着说自己只是与大家一起分享了兜里的两块糖，她还要感谢大家呢，因为与他们在一起追求、奋斗的那些日子，让她发现自己原来还能够做那么多的事情，让她品味到从前所没有品味到的无比的甜蜜。

多么简单的事情啊，不需要太多的寻寻觅觅，不需要太多的权衡论证。只需怀揣两块糖，慷慨地与人分享，就完全可以拥有快乐的时光，就可以拥有幸福的人生。

倘若你有一个苹果，我也有一个苹果，而我们彼此交换苹果，那么，你和我仍然是各有一个苹果。但是，倘若你有一种思想，我也有一种思想，而我们彼此交换这些思想，那么，我们每人将各有两种思想。分享的幸福正在于，它可以使我们拥有更多的东西，而把自己的东西拿来与别人分享的那一刻，不但能体会到分享的乐趣，更能体验到一种满足感。因为分享幸福，你会得到双倍甚至更多的幸福，所以分享也使我们在享受幸福。让我们静静坐下来，让幸福在我们身上停留。

关心爱护周围的人，多为别人着想的人，心中的幸福感觉最多，因为看到别人的幸福微笑，我们心中自然也会感到幸福快乐。

世上最富有的，是心里装着别人的人

我们很看重成功，但要把成功和财富的关系摆正：有财富可以被视为一种成功，但真正的成功绝不是相对于财富而言。成功的含义是：优秀。

没有优秀做条件，成功也只是虚有其表。有些人虽然一时赚得盆丰钵满，但取财不走正路，富贵却不仁慈，这样的人谁会认可他的成功？这样的"成功"也必然不能长久。财富，对于一个人的生活确实有所帮助，在一定程度上，它确实有助于成功的发展，但如果没有素质，它又很容易被毁掉。所以，衡量一个人是否成功的基本条件应该是：是否是一个善良的人、丰富的人、高贵的人。一个人，只有具备了善良和高贵的品质，有同情心，有做人的尊严感，才能够真正被大家所认可。

我们来看看富勒的故事，不是约翰·富勒，而是米勒德·福勒。

同许多美国人一样，米勒德·福勒一直在为一个梦想奋斗，那就是从零开始，然后积累大量的财富和资产。到30岁时，米勒德·福勒已经挣到了上百万美元，他雄心勃勃，想成为千万富翁，而且他也有这个本事。

但问题也来了：他工作得很辛苦，常感到胸痛，而且他因为太忙经常会疏远妻子和两个孩子。他的财富在不断增加，但他的婚姻和家庭却岌岌可危。

一天在办公室，米勒德·福勒心脏病突发，而他的妻子在这之前刚刚宣布打算离开他。他开始意识到自己对财富的追求已经耗费了所有他真正珍惜的东西。他打电话给妻子，要求见一面。当他们见面时，两个人都流下了眼泪。他们决定消除破坏生活的东西：他的生意和财富。他们卖掉了所有的东西，包括公司、房子、游艇，然后把所得捐给了教堂、学校和慈善机构。他的朋友都认为他是疯了，但米勒德·福勒却感觉现在比以往任何一个时候都更加清醒。

接下来，米勒德·福勒和妻子开始投身于一项伟大的事业：为无家可归的人们修建"人类家园"。他们的想法非常单纯："每个在晚上困乏的人，至少应该有一个简单体面，并且能支付得起的地方用来休息。"美国前总统卡特夫妇也热情地支持他们，穿工装裤来为"人类家园"助力。

米勒德·福勒曾经的目标是拥有1000万美元的财富，而现在，他的目标是1000万人，甚至要为更多的人建设家园。到目前为止，"人类家园"已在全世界建造了六万多套房子，为超过三十万人提供了住房。

一个曾经为财富所困、几乎成为财富奴隶、差点被财富夺走妻子和健康的人，现在，他成了财富的主人。从他放弃物欲转而选择为人类幸福工作的那一刻起，他就进入了世界上最优秀的人的行列。

在当下这个社会中，拥有更多的财富，一直是大多数人的奋斗目标，而财富的多寡，也顺理成章地成为了衡量一个人才干和价值的尺度。记得有段时间媒体上出现这样一则标语："谁富裕谁光荣，谁贫穷谁无能。"标语很醒目，真切地反映了人们渴望富裕、追求富裕的迫切心情。然而它的表述却令人觉得别扭，甚至有些不入耳。难道说，富裕了就可以瞧不起那些贫困的人，那些贫困的人就应该自卑吗？

其实富者无非在某些时候或某些方面抓住了机遇，成为了富人，然而为富不仁、弃贫爱富就是贫困的另一种表现，而这种表现让整个社会都厌恶。以贫富论英雄，是一种狭义的贫富观。

无论贫富，都应该摆正自己的位置，每个人都有自己的舞台，只要自己正视这点，我们都将是富有的人。这才是我们对财富所应该持有的态度。

每一个人都应该对社会尽义务

"我的钱来自社会，也应该用于社会，我已不再需要更多的钱，我赚钱不是只为了自己。为了公司，为了股东，也为了替社会多做些公益事业，把多余的钱分给那些更需要钱的人。"李嘉诚常常这样说。

1993 年 10 月 4 日北京新华社电讯称："中国残疾人福利基金会公布，香港长江实业集团有限公司董事局主席李嘉诚先生及属下公司，向中国残疾人福利基金会捐款港币 1 亿元。"并声称"这是一条迟发了两年的新闻"。

事情是这样的：

1991 年 8 月 9 日，中国残疾人联合会主席邓朴方在香港与李嘉诚会面。邓朴方对李嘉诚说："我们把捐款作为种子钱，每拿到 1 元钱，就会带动各方面拿出 7 倍以上的配套基金，一并投入残疾人最急需的项目……"李嘉诚听后大受感动，内地残疾人的苦难令他动情，基金会使用捐款的效益令他动心，他很想表达对中国残疾人的一个久藏于内心的心愿。

　　8 月 16 日李嘉诚与邓朴方再次会晤。李嘉诚对邓朴方说："我和两个孩子经过考虑，再捐 1 亿港元，也作为一个种子，通过各方面的努力，5 年内把内地 490 多万白内障患者全部治疗好。"

　　生意人的本职就是赚钱，就是"唯利是图"。然而极端地唯利是图，未必就能真正地赚到钱。人既然生活在社会中，就要对这个社会尽义务。如果被社会唾弃，即使钞票堆积如山，又有什么意义呢？获得暴利的人已经不能称为生意人，而应当称为"暴徒"。

　　经商、上班、做买卖——每一种方法在赚取生活费的同时，也对社会提供了服务。

　　经营者努力做生意是好事，但是忽视甚至轻视"服务社会"那很可能弄得身败名裂，因此生意人在努力做生意努力赚钱的同时，切记这一点，如果缺乏"服务社会"这个意识，就干脆别做生意。

　　赚钱是企业的使命，商人的目的就是赢利。但担负起贡献社会的责任是经营事业的第一要件。社会何以发展？赚钱赢利与贡献社会的矛盾，是不难解决的，困难的是树立服务社会、贡献社会的信念，并把它付诸行动。

　　人幼时需父母的抚养、社会的培育，所以应有所回报；企业也应如此。经营企业和经营人生从本质上说是一致的。一个小公司，其存在虽不能裨益社会，但最少不能危害社会，这是它被允许存在的最基本理由。如果公司成长了，拥有数百名或数千名员工，把不危害社会作为存在的唯一理由就不够了。它不但不能危害社会，还应该在某种方面受到社会的喜爱和欢迎，这才是基本的经营方针。公司大到有员工几万人，它的每个举措都可能对社会造成很大的影响，相应地，就应该对社会有所贡献，经营方针也应与此适应。贡献社会不仅应该是经营的理想，也应该是理想的经营方法，是有灵魂的经营方法。原因很简单，企业的存在和发展都要依赖和仰仗社会。

　　那些自私、不做任何回报的人，怎么能够在社会中存在和发展？

　　为什么人人都想当企业家？因为当企业家很威风，权力在手，高高在上，拥有"生杀予夺"的大权；还因为当企业家能赚钱，财运亨通，"财源茂盛通四海"，金钱滚滚而来。

　　可是，有了钱，有了权，又该干什么呢？只知道工作赚钱的企业家只不过是一部替别人挣钱的机器，是绝对称不上真正的企业家的。一位真正的企业家，他（她）的生活必然是丰富多彩、美好而又非常有意义的！

　　有的企业家过的是纸醉金迷的生活：穿名牌服装，坐名牌车，喝名牌酒，抽名牌烟，进高档餐厅，住高级宾馆，入高级浴室，拥漂亮女郎，上舞厅，下赌馆，无所不尽其极，通宵达旦，夜夜尽欢乐。直弄得四十刚出头、五十还不到的时候，已经是精力减弱，体虚神衰，面黄肌瘦，终有千般补品也无济于事。身体垮了，还何谈真正的快乐？

　　有的企业家，吃山珍海味，出入则轿车迎送，行路则前呼后拥，四体不勤，五谷不分，直至身体变得肥硕无比，大腹便便。到检查时已发现肌肉萎缩，肥肉太多，血管变硬，油脂已塞满血液通道，于是心脏不能承受负担，各种病症一齐光临，活时一身病症，连自己都觉得活得太累。快乐哪里寻？

现在世界上仍然有很多人生活于贫困线之下，就连最基本的三餐一宿也成问题。世界上有善心的人不少，如果拥有财富的人都不以财富作为炫耀的资本，不将财富用作个人享乐挥霍，拨出一些他们并不等着用的闲钱从事慈善公益事业，那么这个世界上贫穷不幸的人就会得到更多慰藉。

请在孩子的心里播下爱的种子

一个女儿问爸爸：我们家有钱吗？

爸爸说：我们家没有钱。

她又问：我们家很穷吗？

爸爸说：我们家不穷。

六周岁的女儿似懂非懂。

爸爸单位发起"冬季捐寒衣"活动。晚上，爸爸打理着一些家里一时穿不着的寒衣。女儿问：这些衣服给谁？

爸爸说：送给穷人。

她又问：为什么？

爸爸说：他们没有寒衣，过不了冬。

女儿点点头，一副很明白的样子。一会儿，她拿来一件小棉袄、一条围巾、一顶帽子，说要捐出去。爸爸正想鼓励她两句，不料她一把拉下爸爸的帽子说：爸爸，求您了，把这顶帽子也送给穷人吧！

爸爸的心为之一震，为女儿那小小的举动所感动。爸爸一直以为自己富有同情心，而在这之前，他却从未想过要将自己正需要的东西送给别人。

第二天，爸爸送她至校门口，看着她捧着那个小包裹一蹦一跳地走进校门，爸爸的眼睛渐渐湿润。爸爸高兴的是，女儿将比自己更富有。

文中的爸爸说女儿的"富有"是精神上的，这就是一种博爱的精神。

《三毛作品集》中还记述了这样一个小故事，有一位生活在撒哈拉沙漠深处小城的红发少年，他以幼小羸弱的身躯承担起独立照料贫病交加的父母亲的重任。从这个十来岁的少年身上，人们可以看到仁爱精神给人带来的巨大力量和无穷智慧。

虽然这是个小故事，也很普通，表现的只是对父母亲的关爱，但是对于一个孩子来讲，他能从小就爱父母、爱长辈、爱家庭、爱老师、爱同伴、爱学校；他多次拿出自己积攒的零花钱捐献给希望工程，经常去干休所、车站、敬老院开展学雷锋活动，曾经几次把自己的奖品赠送给家庭困难的小朋友，并拿出自己的奖学金救助失学儿童。长大后，谁能说他不是心揣博爱胸襟之士呢？

苏霍姆林斯基在他的实验学校大门的正面墙上，悬挂着这样一幅大标语："要爱你的妈妈！"当有人问苏霍姆林斯基为什么不写"爱祖国""爱人民"之类的标语时，他说："对于一个七岁的孩子，不能讲那么抽象的概念。而且，如果一个孩子连他的妈妈也不爱，他还会爱别人、爱家乡、爱祖国吗？""爱自己的妈妈"这句话容易懂、容易做，而且为日后进行的爱祖国教育打下了基础。他还说："必须使儿童经常努力给母亲、父亲、祖父、祖母等带来欢乐，否则，儿童就会长成一个铁石心肠的人。在他的心里，既没有做儿子的孝心，也没有做父亲的慈爱，更没有为人民做事的伟大理想。如果一个人在亿万个同胞里连一个最亲的人都没有，他是不可能爱人民的。如果一个人的心里没有对最亲爱的人忠诚，他是不可能忠于崇高的理想的。"

我们每传递一份爱，灵魂自会升华

物质的膨化以及种种社会因素加剧了竞争，导致很多人产生一种幻觉：只有成功才能感觉到自己还活着。于是甚至为了成功不择手段。可是爱呢？是不是可以把它抛弃？是不是为了成功就可以朋友间背信弃义？是不是为了成功就可以兄弟间相互倾轧？是不是为了成功就可以不顾一切？难道，这就是我们想要的人生？当然不是！人类组成社会的初衷是为了相互帮扶，共同生存，是为了将爱融合并传递，而不是要培养敌视与伤害！

诚然，你不去撒播爱也没人能够拿你怎么样，但对于灵魂来说，这是一种罪恶。这种罪恶之所以能够大行其道，是因为我们习惯为罪恶找到理由，哪怕是自欺欺人的理由。可是，你还记得水塘之畔那位"最美孕妇"吗？

一个身怀六甲的女人，自己行动尚且不便，却在女童溺水之际义无反顾地跳水救人。这个平日里有些胆小的平凡女人，怎么敢、怎么会做出如此的惊人之举？那是出于她对"爱"的默默坚守。

事后也有人心疼地"责备"最美孕妇彭伟平：你就不担心肚子里的孩子？其实，正因为她是母亲，她更能体会到母亲失去孩子的痛苦，才会在千钧一发之际舍命相救。如果没有对生活一点一滴的热爱，没有每时每刻对善良的坚守，她又怎会做出如此壮美的举动？其实，人之初，性本善，只是我们有太多的人没能像彭伟平一样守住自己的底色。

不过，"爱"其实并未远走，只要你还愿意将它挽留。伸出你温暖的手，当你为别人打开一扇门的同时，上帝也会为你打开一扇窗，让阳光充满你的房间，照亮你的灵魂。

在美国德克萨斯州，一个风雪交加的夜晚，有位名叫马绍尔的年轻人因为汽车抛锚被困在郊外。正当他万分焦急的时候，有一位骑马的男子恰巧经过这里。见此情景，这位男子二话没说便使用马帮助马绍尔把汽车拉到了小镇上。事后，当感激不尽的马绍尔拿出不菲的钞票对他表示感谢时，男子却说："这不需要回报，但我要你给我一个承诺：当别人有困难的时候，你也要尽力帮助他人。"于是，在后来的日子里，马绍尔主动帮助了许许多多的人，并且每次都没有忘记转述那句同样的话。

许多年后的一天，马绍尔被突然暴发的洪水困在了一个孤岛上，一位勇敢的少年冒着被洪水吞噬的危险救了他。当他感谢少年的时候，少年竟然也说出了那句马绍尔曾说过无数次的话：“这不需要回报，但我要你给我一个承诺……”马绍尔的胸中顿时涌起了一股暖暖的激流：“原来，我穿起的这根关于爱的链条，已经周转了无数的人，最后经过这位少年还给了我，我一生做的这些好事，全都是为我自己做的！”

如果你种下一盆花，经过细心呵护，花儿开了，它回报你的不止是美丽的色彩和醉人的香气，更会让你感觉到生命蓬勃的生机。同样，我们每传递一份爱，得到的不只是衷心的祝福与回报，还有灵魂的升华。

Chapter

08

别人在左，
自己在右

　　一个勇敢而率真的灵魂，能用自己的眼睛去观照，用自己的心去爱，用自己的理智去判断。不做影子，而做人。

无论如何，请先讨好你的灵魂

不喜欢自己的人，总会有一箩筐的理由：我太矮、我有青春痘、我不擅长交际、我的学问不好、我家境清寒、我父母不体面……

而喜欢自己的人，却不一定说得出多么冠冕堂皇的理由。他们喜欢自己，并不盲目，他们不相信自己是十全十美的，反而清楚地认识到自己和其他人一样，肯定有很多缺点。只不过，他们愿意接受自己的一切，一切的优点和缺点，不企图掩饰，不刻意改变；当然，更不会痴妄地羡慕他人。

喜欢自己，是快乐的起点。

人，天生不平等，有美丑胖瘦、高矮贫富，但是也有公平的一面，所有的好条件与所有的坏条件，都不会同时集中在一个人的身上。仔细思索，美丽的人或许会懒惰，以致一事无成；而能干的人可能过于操劳，损害了身体；富有的人纵情声色，未必能拥有美满的家庭；有学问的人自律严谨，说不定也会失去发财的机会。这样想来，人人都有所得，却也不自觉地失去了什么。

只有喜欢自己的人才知道，快乐的秘密不在于获得更多，而在于珍惜既有。能深刻检点自己所拥有的幸福，就会明白，其实人人都蒙恩宠，享有莫大的福气。

没有人能确切明白自己是不是真的受人欢迎，可是每一个人都可以扪心自问：我是不是喜欢自己？

心理学家凯特发现，要让他人喜欢真正的你，就应该培养喜欢自己的特质。或许你会感到十分惊讶，因为一般人认为可以吸引人的美貌、魅力、人际关系等，并不是你需要具备的特质。

这个世界上有很多人生来既不美丽，又不富有，可是却能受到朋友们的喜爱。其中最重要的一点就是：他们真心喜欢自己。

假如你能接纳心理学家凯特的建议，或许你也能轻易地成为一个喜爱自己的人。

喜欢自己，其实很简单。你无须换上漂亮的衣服，变副讨人喜欢的面孔，说些迎合他人的言语，只要你静下心来，学习看重他人，看重自己，培养成熟独立的个性，你就向"喜欢自己"这个目标，迈进了一大步。

现在，你应该问问自己：谁是这个世界上最重要的人呢？

正确的答案应该是：你自己。

你在忙着想赢得他人的肯定之前，别忘记先讨好最重要的一个人——学会喜欢自己，接纳你自己。

欣赏自己，就是幸福的开始

生命的精彩需要别人的赞许，但精彩的生命不是仅仅为了刻意让别人欣赏——别忘了，欣赏自己生命的还有我们自己。

别人怎么看你，其实不是很重要，因为很多时候，你无须看别人脸色生活，否则你只会给自己徒增压力。

最重要的是，你怎样看待自己。如果能够欣赏自己，你就可以将自己描绘成一幅画。你可以让画面上长出绿草红花，你可以叫流水涓涓，你可以让山林幽幽，你可以让阳光温柔地照亮这片天堂。一个能在自己的精神世界自由地行走的人，无论她自身的条件如何，快乐与自信始终是她行走在滚滚红尘的形象。

那天风和日丽，天气异常的好，一个黑人小女孩坐在公园的长椅上看着鸟戏蝶追，白云悠荡。她很羡慕那些能够自由来去的动物，因为，她的腿和别人有些不一样，她来到这里，需要靠妈妈的帮助。

一对玩累了的白人母女也来到这里，那个漂亮的小姑娘和她年纪相仿。白人女孩忍不住向她看去，然后极不礼貌地大声问妈妈："妈妈，她的腿怎么这样？"妈妈瞪了女儿一眼，小声说："把你的嘴闭上，你这样做很不礼貌，你在伤害别人的自尊心。"

那位妈妈的声音虽然压得很低，但黑人女孩还是听见了。她没有任何不自在，而是以那个年纪本不该有的成熟笑着说："不要紧的。"然后又指了指自己的腿说："我妈妈说，每个人都是被上帝咬过一口的苹果，都有缺陷。有的人缺陷比较大，是因为上帝特别喜爱它的芬芳。所以我与众不同，妈妈说我更应该快乐，而不要在乎别人的目光。"

这个黑人女孩叫威尔玛·鲁道夫，出生在美国一个普通黑人家庭，出生时只有2公斤重，而后又得了肺炎、猩红热和小儿麻痹症，几乎夭折。因为家庭贫穷无法及时医治，从那时起，她的双腿肌肉逐渐萎缩，到4岁时，左腿已经完全不能动弹。这极大地刺伤了年幼的鲁道夫，而妈妈则告诉她，她是上帝特别喜欢的那个苹果。

11岁那年，鲁道夫依旧不能正常走路。后来妈妈出了个主意，让她尝试打篮球，以加强腿部肌肉力量。鲁道夫就这样趔趔趄趄地打起了篮球。她忍受着别人的嘲笑，克服着行动上的困难，咬着牙坚持锻炼着。奇迹出现了！——经过一个阶段的锻炼，她不但身体变得强壮起来，而且能够正常走路了，甚至还能够参加正常的篮球比赛。

一次，鲁道夫正在街头玩篮球，恰巧被一个叫E·斯普勒的田径教练发现，他觉得她有着超人的弹跳和速度，就建议她改练短跑，并热情地鼓励她说："你是一只小羚羊，将来一定会成为世界短跑纪录的创造者和奥运冠军。"

果然，在斯普勒的悉心教导下，鲁道夫迅速成长起来。在田纳西州，她成了全州女子短跑明星，开始在美国田坛崭露头角。1995年，在芝加哥举行的第三届泛美运动会上，鲁道夫与队友一同为美国队摘得了4×100米接力的金牌。

罗马奥运会上，鲁道夫代表美国队出赛，她先平世界纪录，再破世界纪录，一人独得 3 枚金灿灿的金牌！缔造了美国田径史上的一段传奇。

学会欣赏自己，才能让自己的生命变得高贵。不管现在如何渺小，你依然有机会在生活中谱写童话，创造这大千世界的奇迹。

每天多欣赏一下自己，你就会发现，自己也是"风景这边独好"。

你不可能让所有人都满意

人的本性趋向于寻求他人的赞美和肯定，尤其对于有威望或有控制力的对象（如父母、老师、上司、名人名流等），他们的赞美肯定更加重要。取悦者会沉迷于取悦行为所换得的肯定，这很好解释，因为如果某件事让人有了愉悦的体会，那他就可能持续做这件事，以便继续维持这种美好的感觉。

但，我们得到的感觉其实并不美好。

著名艺人宋丹丹，对于取悦别人与取悦自己有正反两方面的深刻体会。她说："过去我总是不遗余力地想使自己符合男人的标准，'我够好吧？'成为口头禅，但常常感到被轻视。现在我会说：'这就是我！'却得到前所未有的尊重。自尊，才是最具魅力的品质。"

为了取悦别人而活着，最终必然丧失真正的自己。只有先取悦自己，做最好的自己，然后才能得到他人的喜欢和尊敬。

　　一位诗人，他发表了不少诗，也有了一定的名气，可是，他还有相当一部分诗却没有发表出来，也无人欣赏。为此，诗人很苦恼。

　　诗人有位朋友，是位禅师。这天，诗人向禅师说了自己的苦恼。禅师笑了，指着窗外一株茂盛的植物说：“你看，那是什么花？”诗人看了一眼植物说：“夜来香。”禅师说：“对，这夜来香只在夜晚开放，所以大家才叫它夜来香。那你知道，夜来香为什么不在白天开花，而在夜晚开花呢？”诗人看了看禅师，摇了摇头。

　　禅师笑着说：“夜晚开花，并无人注意，它开花，只为了取悦自己！”诗人吃了一惊：“取悦自己？”禅师笑道：“白天开放的花，都是为了引人注目，得到他人的赞赏。而这夜来香，在无人欣赏的情况下，依然开放自己，芳香自己，它只是为了让自己快乐。一个人，难道还不如一株植物？”

　　禅师看了看诗人，又说：“许多人，总是把自己快乐的钥匙交给别人，自己所做的一切，都是在做给别人看，让别人来赞赏，仿佛只有这样才能快乐起来。其实，许多时候，我们应该为自己做事。”诗人笑了，他说：“我懂了。一个人，不是活给别人看的，而是为自己而活，要做一个有意义的自己。”

　　禅师笑着点了点头，又说：“一个人，只有取悦自己，才能不放弃自己。只要取悦了自己，也就提升了自己；只要取悦了自己，才能影响他人。要知道，夜来香夜晚开放，可我们许多人，却都是枕着它的芳香入梦的啊。”

　　人，如果总是忙着取悦别人，去为别人的期望而生活，就会忽视自己的生活，忽视自己到底喜欢什么、到底想要什么、到底需要什么。最后，慢慢忽视了自己的存在。可是，你拥有自己的人生，这是你的一项权利，你为什么要放弃？你对自我的放弃，能换来的其实只是更多的蔑视和鄙夷。

所以，别老想着取悦别人，你越在乎别人，就越卑微。只有取悦自己，并让别人来取悦你，才会令你更有价值。不要在意别人的眼光，人生没有固定的轨道，做自己想做的，依然能很精彩。

相信自己就是一个美好的存在

你要相信，你原本就是一个很美好的存在，不需要因为太多，只因为你是独一无二的。

这个本质美好的自己不会受任何外界、物质环境的影响。而最贴近这个美好本质的就是成为你自己，做你喜欢做的事，和自己喜欢的人相处，真实真诚地表达自己内心的想法。

一个小女孩儿，从小家里就很穷，所以一直因为自卑封闭着自己的心，觉得自己事事不如别人。她不敢跟别人说话，不敢正视对方的眼睛，生怕被别人嘲笑自己家境的贫寒。直到有一年春节，妈妈给了她5块钱，允许她到街上去买一样自己喜欢的东西。她走出了家门，来到了街市上。

看着街市上那些穿着时髦的姑娘，她心里真的很羡慕。忽然她看到了一个英俊潇洒的小伙子，不由得心动了，可是转念一想，自己是如此的平凡，他怎能看上自己呢？于是她一路沿着街边走，生怕别人会看到她。

这时候，她不由自主地走到了一个卖头花的店面前，老板很热情地招待了她，并拿出各种各样的头花供她挑选。他拿出了一朵金边蓝底的头花戴在了女孩儿的头上，并把镜子递给她说："看看吧，戴上它你现在美极了，你应该是天底下最配得上这朵头花的人。"小女孩儿站在镜子前，看着镜子前那美丽的自己，真的有说不出的高兴，她把手里的5块钱塞进了老板的手里，高高兴兴地走出商店。

女孩儿这个时候心里非常高兴，她想向所有人展示自己头上那朵美丽的头花，果然，这时候很多人的目光都集中在了她的身上，还纷纷议论："哪里来的女孩儿这么漂亮？"刚刚让她心动的男孩儿，也走上前对她说："能和你做个朋友吗？"这时候的女孩儿异常兴奋，她轻轻捋顺了一下自己的头发，却发现那朵蓝色的头花并不在自己的头上，原来是她在奔跑中把它不小心给掉了。

生活当中有很多事都是这样的，我们盲目地自卑，乃至封闭自己，认为自己一无是处，认为自己很多事情都拿不出手。但是如果有一天你真的打开了封闭已久的那扇心门，遵从自己的心，听取自己心灵的声音，就会发现，原来你还有那么多连自己都没有意识到的优秀特质。它一直都在我们身上，只不过我们因为封闭自己太久而没有将它很好地利用，而现在我们终于可以靠着这些优点快快乐乐地去生活了。

开放自己的心灵吧，请接纳你自己，有时不妨将成功归因于自己，把失败归结于外部因素，不要在乎他人说三道四，要乐于接受自己。

别让自卑再伤害你的幸福。试着和你认为比自己强的人接近，你会发现强者亦不过如此；试着做你不敢做的事，你会发现原来自己也很优秀；试着用一种开朗的方法来改变自己的生活，你会发觉以前的自己是那么愚蠢可笑。

任何时候都不能没有主见

想要成为一个成功的人，首先必须是个不盲从的人。你心灵的完整性不容侵犯，当你放弃自己的立场，而想用别人的观点去看一件事的时候，错误便造成了。一个人，只要认为自己的立场和观点正确，就要勇于坚持下去，而不必在乎别人如何去评价。

曾有人向一位商界奇才询问成功的秘诀。

"如果你知道一条很宽的河的对岸埋有金矿，你会怎么办？"商人反问他。

"当然是去开发金矿。"事实上，这是大多数人都会不假思索给出的答案。

商人听后却笑了："如果是我，一定修建一座大桥，在桥头设立关卡收费。"

听者这才如梦初醒。

这就是独立的思维方式，在任何时候都有自己的主见，不从众、不盲从，没有这种守持，事业根本无从谈起。退一步说，众人观点各异，大家七嘴八舌，我们就算想听也无所适从。其实最明智的方法是把别人的话当作参考，坚持按自己的观点、自己的主张走路，一切才会处之泰然。

20世纪60年代，每个田径教练都这样指导跳高运动员：跑向横竿，头朝前跳过去。理论上讲，这样做没错，显然你要看着跑的方向，一鼓作气全力往前冲。可是有个名叫迪克·福斯贝利的美国田径运动员，他临跳时转身搞了个花样，用反跳的方式过竿。当他快跑到横竿时，他右脚落地，侧转身180°，背朝横竿鱼跃而过。《时代》杂志称之为"历史上最反常的跳高技法"。当然大家都嘲笑他，把他的创举称为"福斯贝利之跳"。还有人提出疑问，"此种跳法在比赛中是否合法"。但令专家懊恼的是，迪克不仅照跳他的，而且还在奥运会上"如法炮制"，一举获胜。而现在，这已是全世界通行的跳法。

坚持一项并不被人支持的原则，或不随便迁就一项普遍为人支持的原则，都不是一件容易的事。但是，如果一旦这样做了，你就能体现出自己的价值，甚至还会赢得别人的尊重。

现在，我们生活在一个充满专家的时代。由于大家已十分习惯于依赖这些专家权威性的看法，所以逐渐丧失了对自己的信心，以至于不能对许多事情提出自己的意见或坚持信念。这些专家之所以取代了人们的社会地位，其实是我们让他们这么做的。

我们应该改变这种状态，你的人生不应该由别人来指手画脚，我们甚至可以把自己想象成天使，想想由自己来设计人生和世界，会是什么样？有很多问题，别人说不可以这样，或者以目前的条件不好解决，很多人就不敢碰，但这可能就是我们生活的转折点。你需要从高处俯视你的人生领域。

时间会让我们总结出一套属于自己的审判标准来。举例来说，我们会发现诚实是最好的行事指南，这不只因为许多人这样教导过我们，而是通过我们自己的观察、摸索和思考的结果。很幸运的是，对整个社会来说，大部分人对生活上的基本原则表示认可，否则，我们就要陷于一片混乱之中了。保持思想独立不随波逐流很难，至少不是件简单的事，有时还有危险性。为了追求安全感，人们顺应环境，最后常常变成了环境的奴隶。然而，无数事实告诉人们：人的真正自由，是在接受生活的各种挑战之后，经过不断追求、拼搏并经历各种争议之后争取来的。

如果我们真的成熟了，便不再需要怯懦地到避难所里去顺应环境；我们不必藏在人群当中，不敢把自己的独特性表现出来；我们不必盲目顺从他人的思想，而是凡事有自己的观点与主张。我们也许可以做这样的理解："要尽可能从他人的观点来看事情，但不可因此而失去自己的观点。"

活着，不是为了迎合别人

听取和尊重别人的意见固然重要，但无论何时也不要人云亦云，做别人意见的傀儡，否则不但会在左右摇摆、不知所措中身心疲惫，失去许多可贵的机会，而且还会丢失自己。

有一个男人一心想升官发财，可是从年轻熬到白头，却还只是个小职员。这个人为此极不快乐，每次想起来就掉眼泪。

一位新同事觉得很奇怪，便问他到底为什么难过。他说："我怎么能不难过？年轻的时候，我的上司爱好文学，我就学着作诗、学写文章，想不到刚觉得有点小成绩了，却又换了一位爱好科学的上司。我赶紧又改学数学、研究物理，不料上司嫌我学历太低，不够老成，还是不重用我。后来换了现在这位上司，我自认文武兼备了，人也老成了，谁知上司又喜欢青年才俊，我……我眼看年龄渐高，就要退休了，一事无成，怎么能不难过？"

活着应该是为了充实自己，而不是为了迎合别人的旨意。没有自我的人，总是考虑别人的看法，这是在为别人而活着，所以活得很累。当然，我们绝不可能孤立地生活在这个世界上，几乎所有的知识和信息都要来自于别人的教育和环境的影响，但你怎样接受、理解和加工、组合，是属于你个人的事情，这一切都要独立自主地去看待、去选择。谁是最高仲裁者？不是别人，而是你自己！歌德说："每个人都应该坚持走为自己开辟的道路，不被流言所吓倒，不受他人的观点所牵制。"让人人都对自己满意，这是个不切实际、应当放弃的期望。

我们周围的世界是错综复杂的，我们所面对的人和事总是多方面、多角度、多层次的。我们每个人都生活在自己所感知的经验现实中，别人对你的反映大多有其一定的原因和道理，但不可能完全反映你的本来面目和完整形象。别人对你的反映或许是多棱镜，甚至有可能是让你扭曲变形的哈哈镜，你怎么能期望让人人都满意呢？

如果你期望人人都对你看着顺眼、感到满意，你必然会要求自己面面俱到。不论你怎么认真努力，去尽量适应他人，但你能做得完美无缺，让人人都满意吗？显然不可能！这种不切实际的期望，只会让你背上一个沉重的包袱，顾虑重重，活得太累。

我们无法改变别人的看法，能改变的仅是我们自己。每个人都有每个人的想法和看法，不可能强求统一。我们应该把主要精力放在踏踏实实做人、兢兢业业做事和刻苦学习上。改变别人的看法总是艰难的，改变自己是容易的。

有时自己改变了，也能恰当地改变别人的看法。光在乎别人随意的评价，自己不努力自强，人生就只能苦海无边。

不要让任何人替你来做主

很多人，从小就被父母构建起的牢笼给困住了，父母一直是这样告诉我们的：男人要成功，要大气，出人头地、衣锦还乡；女人要找个好归宿，做个好妻子、好妈妈、好儿媳，贤惠端庄、相夫教子。这本没有什么不妥，只是我们因此习惯性地被"父母之命"锁死，因而从填写高考志愿到找工作、从谈恋爱到结婚，几乎都在看着父母的脸色选择。由此可能带来的后果是：你一直在从事着一项自己并不喜欢的工作，枯燥无味；你嫁或娶了一个自己并不想嫁娶的人，同床异梦。当然，还有甚者，你可能习惯了由别人替你做主，无论是你的父母还是爱人、上司、同事、朋友，甚至有可能是你的孩子。可是，人生是你自己的，道路也是你自己的，怎样走应该是你自己的事。如果你把决定权交给了别人，就等于放弃了对人生的控制，这不但愚蠢，而且还是很危险的事情。

那时，她还是个小女孩。有一次母亲带她一起整理鞋柜，鞋柜里脏乱不堪，有的鞋子已经变形和开裂得丑陋不堪，尤其是父亲的那双鞋，还散发着一种难闻的汗臭味，她便建议母亲扔掉那些鞋子。可母亲抚摸一下她的头发，说：傻丫头，这些鞋都是有特殊意义的。随后，母亲拿起一双浅口红皮鞋，满脸的幸福和温情，回忆起和她父亲的相识：

17 岁那年，我遇到你父亲，拿不定主意是否嫁给他。我的母亲说，那就让他给你买双鞋吧，从男人买什么样的鞋就能看出他的为人。我有点不相信，直到他将这双红皮鞋送到我面前。母亲说，红色代表火热，浅口软皮代表舒适，半高跟代表稳重，昂贵的鳄鱼皮代表他的忠诚。放心吧，这是一个真爱你的男人。

从那以后，小女孩开始珍惜父母送给她的每一双鞋子，当她成为拉普拉塔大学法律系的一名学生时，她已经收藏了好多双不同款式的高跟鞋。而法律系有一个来自南方的青年，英俊潇洒，口才超群，悄然地走入她这位怀春少女的心田，终于在大三时两人捅破了相隔的那层纸，将同窗关系发展为恋爱关系。她陶醉在甜蜜的爱情之中，被这火热的感情所鼓舞，于是带着如意情郎去见父母。母亲对这个邮政工人的儿子能否给女儿的未来带来幸福表示怀疑，侧在女儿耳边轻轻对女儿说："让他给你买双鞋看看吧！"她觉得是个好主意，就照办了。

然而，傻乎乎的情郎不知是测试，想着既然是为恋人买鞋就得尊重她的意见，硬拖着屡次推却的情人一起去。然而买鞋那天，平时喜欢滔滔宏论的她始终一声不吭，结果两人逛了大半天都毫无所获。最后，他们来到一家欧洲品牌鞋店，有两双白色皮鞋看上去不错，他知道意中人喜欢白色，于是柔声问她："你想要高跟的，还是平跟的？"她心不在焉地随口答道："我拿不定主意，你看哪双好呢？"他略加思索后，说："那就等你想好了再来吧！"于是，他拉着快快不乐的她，离开了。

几天后，他非常认真地问她："想好买哪双了吗？"她依然是漠不关心地说，没有。熬着，熬着，这"木头"情郎终于"开窍"了，说出了她期待已久的话："那就只好让我替你做主了！"她兴奋地等待了 3 天，终于等到了他的礼物，不过他吩咐她不要当面打开。

晚上，她将鞋盒抱回家，和母亲一起怀着激动的心情将礼物打开，出现在眼前的两只鞋居然是一只高跟一只平跟。她气得脸色发青，恨恨地咬着牙齿，呼的一声关上闺门，蒙在被子里号啕大哭起来。她的父亲也勃然大怒："明天约他来吃晚餐，看他如何解释，我女儿可不是跛子！"

第二天，他应邀登门，面对质问，却不慌不忙地说："我想告诉我心爱的人，自己的事情要自己拿主意，当别人做出错误的决定时，受害者就会是自己！"随后，他从包里拿出另外两只一高一矮的鞋子，说："以后你可以穿平跟鞋去踢足球，穿高跟鞋去看电影。"父亲在女儿的耳边悄声而激动地说："嫁给他！"

"木头"情郎叫费尔兰多·基什内尔。2003年当选为阿根廷总统，而她就是第一夫人克里斯蒂娜·赞尔兰。2007年12月10日，克里斯蒂娜从卸任阿根廷总统的丈夫手中接过象征总统权力的权杖，成为阿根廷历史上第一位民选女总统，他们夫妇交接总统权杖，成为现代历史上的第一例。

不要总是让别人替你做主，包括你的父母，因为一旦你为别人的看法所左右时，你已沦为了别人的奴隶。永远只作自己的主人，这样才能做到自尊自爱。

当现实需要考验你内心的智慧时，记住：一定要去尝试自己想要尝试的东西。相信自己的直觉，不要让别人的答案扰乱你的计划。如果自己感觉很好，就跟着感觉走吧，否则你永远不会知道结局有多么美好。不要让别人的议论淹没你内心的声音，你的想法和你的直觉。因为它们已经知道你的梦想，别的一切都是次要的。

别做别人命令的傀儡

曾经有一支德国的小队在训练。队长说了"齐步走"之后，由于一些事情耽搁，没有发出"立定"的命令，士兵们行进的方向恰好是一条河，在队长想起这件事情的时候，他的士兵们全部掉进了河里！

德国人的纪律性天下闻名，当然，对于军队，纪律的绝对服从也确有其特殊的必要性，但是这并不意味着，听话就是正确的。

有一名中文系的学生，用心撰写了一篇小说，请作家指正。因为作家正患眼疾，学生便将作品读给作家听。读到最后一个字，学生停顿下来。作家问道："结束了吗？"听语气似乎意犹未尽，渴望下文。这一追问，煽起学生的激情，立刻灵感喷发，马上接续到："没有啊，下部分更精彩。"他以自己都难以置信的构思叙述了下去。

到达一个段落，作家又似乎难以割舍地问："结束了吗？"

小说一定摄魂勾魄，叫人欲罢不能！学生更兴奋，更激昂，更富于创作激情。他不可遏止地一而再、再而三地接续、接续……最后，电话铃声骤然响起，打断了学生的思绪。电话找作家，有急事。作家匆匆准备出门。

"那么，没读完的小说呢？"学生问。

"其实你的小说早就该收笔了，在我第一次询问你是否结束的时候，就应该结束。何必画蛇添足、狗尾续貂呢？该停则止，看来，你还没把握情节脉络，尤其是缺少决断。决断是当作家的根本，否则，绵延逶迤，拖泥带水，如何打动读者？"

学生追悔莫及，自认性格过于受外界左右，作品难以把握，恐不是当作家的料。

多年以后，这名年轻人遇到另一位作家，羞愧地谈及往事，谁知作家惊呼："你的反应如此迅捷、思维如此敏锐、编造故事的能力如此强盛，这些正是成为作家的天赋呀！假如正确运用，作品一定会脱颖而出。"

两位作家，究竟谁说的是对的呢？其实，凡事没有一定之论，谁的"意见"都可以参考，但永远不要丢失自己的"主见"，不要让他人的话成为自己前进的障碍。

如果按照长辈的轨迹生活，乔治·桑应该在偌大的庄园里默默成长，嫁给和他爸爸差不多的另一个男爵，过着平顺的日子。而法国将不再有第一个穿长靴马裤出没于文学沙龙、自己养活自己的异彩女作家。

如果听从父母的意见，相亲嫁人，费雯丽或许只是著名律师霍夫曼的漂亮老婆，不会在亚特兰大熊熊的烈火中闪耀郝思嘉的绿色猫眼，登上奥斯卡领奖台。

甚至，如果按照家里的安排，刘德华应该还叫刘福荣，周润发应该还叫"细狗"，现在可能都是香港热闹狭窄的街道上两鬓微白的普通人。

很多人正是因为接受了自己的意见，才走上了与众不同的道路，虽然未必是坦途，却用自己的方式独立思考未来，充满惊喜和进步，活出了另一片天地。

多年前，在日本福冈县立初中的一间教室里，美术老师正在组织一场绘画比赛，同学们都在认真地按照要求画着画，只有一个小家伙缩在教室的最后一排。他实在不喜欢老师定的命题，于是便信手涂鸦起来。

到了上交作品的时间了，老师看着一张张作品，不住地点头，他深为自己的教育成果感到满意，作品里已经有了学生们自己的领悟，可以说，是对日本传统画作的继承和发展。

但唯有一张画让他大跌眼镜，作者是个叫臼井的学生，老师的目光从画作上移到了最后一排，接着看见这个名不见经传、有些另类却又有些特立独行的怪学生在冲着他冷笑。

他大声怒斥起来："臼井，你知道你画的是什么吗？简直是在糟蹋艺术。"

臼井闻听此言，吓得将脑袋垂了下来。老师接下来让大家轮流传看臼井的作品，他用红笔在作品的后面打了无数个"叉叉"，意思是说这部作品坏到了极点。

他画的是一幅漫画，一个小家伙，正站在地平线上撒尿，如此的不合时宜，如此的不伦不类。

这个叫臼井的学生一夜之间出了坏名，学生们都知道了关于他的"光荣事迹"。

这一度打消了他继续画画的积极性，他天生不喜欢那些中规中矩的传统作品，他喜欢信手胡来、一气呵成，让人看了有些不解，却又无法对他横加指责。

在老师的管制下，他开始沿着正统的道路发展，但他在这方面的悟性实在太差了。

期末考试时，他美术考了个倒数第一名，老师认为他拖了自己班级的后腿，命令他的家长带着他离开学校。

他辍了学，连最起码的受教育的权利也被剥夺了。于是，他开始了流浪生涯，不喜欢被束缚的他整日里与苍山为伍，与地平线为伴，这更加剧了他的狂妄不羁。

那一年春天，《漫画 ACTION》杂志上发表了《不良百货商场》的漫画作品，里面的小人物不拘一格，让人忍俊不禁，看来爱不释手。作品一上市，居然引起了强烈的反响，受到长久束缚的日本人在生活方式上得到了一次新的启发，他们喜欢这样的作品。

又一年，一部叫《蜡笔小新》的漫画风靡开来，漫画中的小新生性顽皮，做了许多孩子愿意做却不敢做的事情。典型的无厘头却得到了意想不到的结果。被拍成动画片后，所有人都记住了小新，以至于不得不加拍了续集。

臼井仪人，这个天生邪气逼人的漫画家，注定不会走传统的老路，如果他仍然沿着美术老师为自己计划的道路发展，恐怕这世上就不会有蜡笔小新的诞生。

关于你的未来，只有你自己才知道。既然解释不清，那就不要去解释。没有人在意你的青春，也别让别人左右了你的青春。想要成为一个真正的人，首先必须是个不盲从的人。你心灵的完整性是不容侵犯的，当我们放弃自己的立场，而想用别人的观点去看一件事的时候，错误便造成了！一个人，只要认为自己的立场和观点正确，就要勇于坚持下去，而不必在乎别人如何去评价。

如果我们真的成熟了，就不要再怯懦地到避难所里去顺应环境；我们不必藏在人群当中，不敢把自己的独特性表现出来；我们不必盲目顺从他人的思想，而是凡事有自己的观点与主张。坚持一项并不被人支持的原则，或不随便迁就一项普遍为人支持的原则，固然不易，但是只要你做了，就一定会赢得别人的尊重，体现出自己的价值。

不要一直活在别人的意愿里

杨晓燕原本是个活泼开朗的女孩，喜爱唱歌跳舞，大学学的是幼师专业，但是她毕业后，父母却托人把她安排到了一个机关工作。

这份工作在外人看来是不错的，收入高，福利也很好。但杨晓燕觉得机关的工作枯燥乏味，整天闷在办公室里，简直快把人憋疯了。她每天都期待着赶紧下班回家。可是回到家心情也不好，看见什么都烦，本来想着自己的男友会安慰安慰自己，可是偏偏男友又是个不善言辞的人，向他诉苦，他最多说："父母给你找这么一份好工作不容易，还是先干着吧。"

杨晓燕很郁闷，工作没多久，她的性格就变了，整日郁郁寡欢。就这样一年又一年，杨晓燕越来越觉得自己的人生毫无意义，她不止一次地问自己：我活着究竟是为了什么？没有理想、没有目标，她都不知道自己多久没有真心地笑过了。

人，到底是为了什么而活？为了父母？为了财富？还是为了爱情？事实上，人应该是为自己而活。人一生的时间有限，所以不应该一味地为别人而活，不应该被教条所限，不应该活在别人的观念里，不应该让别人的意见左右自己内心的声音。最重要的是，应该勇敢地去追随自己的心灵和直觉，只有自己的心灵和直觉才知道自己的真实想法，而其他一切都是次要的。

如果自我感丧失，那么生活将是苦不堪言的，没有自我的人生必然索然无味。一个人若是失去了自我，就没有了做人的尊严，更不能获得别人的尊重。人活着就是为了实现自己的价值，按照自己的意愿去生活，不去迎合别人的意见。每个人都应该坚持走自己开辟的道路，不为流言所吓倒，不受他人的观点所牵制。

毫无疑问，这是有一定困难的，如果今天周围的压力令你感到难过，那么你是无法完全摆脱这种压力的，人与人之间的影响毕竟存在。但是，不要因此就屈服，活在别人的意愿里，因为这并不表示你自己的"疆界"就已经宣告结束，你也用不着把你的疆界缩小。在你的心中，也许有些力量正在你内心深处冬眠，等着你在适当的机会发掘及培养。

一味迁就别人，就是不尊重自己

佳丽没别的毛病，就是天生的耳根子软，别人说什么她听什么，大家背地里都戏称她为"应声虫"。比如说中午订餐，同事问佳丽吃什么，她犹犹豫豫地想了一会儿说："吃扬州炒饭吧！"同事一听："扬州炒饭有什么好吃的，就要鱼香肉丝盖饭吧！"佳丽赶紧点头："行，行，行！"不但生活中这样，工作中也是这样。她从来也提不出什么像样的意见，什么事都听人家的，所以单位里开会时，佳丽永远是坐在角落里发呆的那一个。像她这样，又怎能得到老板的重视呢？

办事没有原则，有时就表现为一味地迁就、顺从别人。由于自己没有立场，所以很容易被他人所诱惑或利用。迁就别人，表面看来是和善之举，但实际上则是软弱的表现。软弱到一定程度，就会逐渐失去自信力，而没有自信力的人是很难成就什么大事业的。有时，性格上的自卑和懦弱，也表现为没有自己的立场和观点。自卑，就会觉得处处不如别人，怯懦则往往会导致卑微。时时看着别人的脸色行事，怎么能走好自己的路呢？其实，我们做人根本无须这样。

要知道，凡事都要有个度，不能过度，否则就是没有原则。什么事情没有原则，只会带来不良后果，而不会有什么好的结局。

一个人出门去旅行，走啊走，走得脚都起泡了。脚开始大声向主人抗议："停下来！为什么受累的只有我，你为什么不试试让手走路？""可是手本来就不是用来走路的呀！"主人为难地说，但在脚的坚持下，他只好趴在地上，用手艰难地往前走，不一会儿手就磨破了，手也朝主人发起火来。正在这时，一个骑着马的人从后面赶来，看到走路人的窘状，就说：愿意把马让给路人骑，但希望路人送他一条腿，那个人本来坚决不同意，但在手和脚的劝说下，他还是割下了一条腿，当然从此以后他再也不能从马上下来走路了。

人总要有自己的原则、自己的立场，不能只一味迁就别人，一点主见也没有。这里的原则既包括办事的方法，也包括日常生活中为人处世的立场、原则，少了哪个都会给你带来困难，并将影响你的生活。

著名漫画家蔡志忠先生讲过这样一句话："每块木头都是座佛，只要有人去掉多余的部分；每个人都是完美的，只要除掉缺点和瑕疵。"正是如此，每个人都有他自己的长处，为什么非要去迎合别人的口味呢？

人若想主宰自己的生活、主宰自己的事业，就要在做事之前多动动脑筋，不要轻易听从他人的意见，要有自己的一套规则。这样做，有时会使你收到意想不到的效果。

眼红他人，不如做得比他更好

人性中的嫉妒，就像一把看不见的钢刀，不仅会刺瞎人的眼睛，还会刺瞎人的心。如果让人类的这种情感恶性循环下去，所有美好的东西都将成为嫉妒的陪葬品。这种由偏狭、自私而萌生的嫉妒显然是消极的。

王微与李楠是某艺术院校大三的学生，同在一个宿舍生活。入学不久，两个人就成了形影不离的好朋友。王微活泼开朗，李楠性格内向，沉默寡言。李楠逐渐觉得自己像一只丑小鸭，而王微却像一位美丽的公主，心里很不是滋味，她认为王微处处抢自己的风头，心中暗暗记恨着王微。

大四那年，王微参加了学院组织的服装设计大赛，并获得了一等奖。李楠听到这一消息以后心中特别难受，便趁着王微不在宿舍时将她的参赛作品撕成碎片，扔在床上。王微回来以后，看到这种情况不知道该如何与李楠相处，更想不通事情为什么会变成这个样子。

王微与李楠从形影不离到反目为仇，这样的变化实在令人惋惜，而引起这场悲剧的根源只有两个字——嫉妒。

客观地说，毫无嫉妒心的人是没有的，嫉妒是人的本性，在合理范围内可被视为正常反应。但如果让自己的内心充满妒忌，就可能导致行动不顾后果，做事缺乏考虑。莎士比亚说过："您要留心嫉妒啊，那是一个绿眼的妖魔！"的确是这样，现实生活之中，嫉妒作为一种病态心理危害极大。嫉妒者往往不择手段地采取种种办法，打击其嫉妒对象，既有害自己的心理健康，又影响他人。

在当今这个时代，最具代表性的嫉妒心理就是仇富现象。据说中关村某男士经过数年的打拼才积累了一点资产，买了一辆别克轿车代步，可停在公司楼下没几天，就被人划上了几道疤痕。这位男士无奈地说："如果我买的只是自行车，它的命运肯定要好一些。"

这种现象不是个例，事实上如今穷人对于富人的嫉妒、甚至是仇视，已经愈发严重。当然，这里面肯定有富人的原因：一些人有了点钱以后，就恃财放荡，自我炫耀，耀武扬威，甚至为富不仁，欺凌弱者。这自然会引来生活在底层的人们的怨愤与仇视。但事实上，为富不仁者毕竟是少数，为什么大家对整个富裕阶层积累了那么多的不满呢？主要原因还在我们自己，是我们的心理失衡了。

很多人自己富不起来，又见不得别人富有，因此只能用败坏别人的办法来安慰自己。事实上这种心理败坏的不止是别人，更是自己。因为"每一个埋头于沉入自己事业的人，是没有工夫去嫉妒别人的。嫉妒是一种四处游荡的情欲，能享有它的只能是闲人。"人被这种情欲纠缠了，又如何有时间摆正心态去经营自己的人生？对于别人的成功，应该以一种认同的、竞争的心态去对待，思考一下他们的成功历程，在心里问问自己：为什么他们能做到，而"我"做不到呢？找出自己的欠缺，弥补自己、充实自己，把嫉妒之心转化为成功的动力，化消极为积极，超过别人！眼红他人，不如做得比他更好，相信自己，一定会成功。

不要刻意去乞求他人的认可

　　一个人活在别人的价值观里就会变得虚荣，因为太在意别人的看法就会失去自我。每个人都应当为自己而活，追求自我价值的实现以及自我的理想目标。如果你追求的幸福是处处参照他人的模式，那么你的一生都会悲惨地活在他人的价值观里。

　　意大利著名诗人但丁曾经说过："走自己的路，让别人说去吧！"是的，在人生这条路上，不要太在意别人的看法，你管他别人怎么说！只要自己认定是对的，大可义无反顾地走下去。

　　有一天下午，苏菲正在弹钢琴时，7岁的儿子走了进来。他听了一会儿说："妈妈，你弹得并不怎么好听？"

不错，是不怎么好听。任何认真学琴的人听到她的演奏都会退避三舍，不过苏菲并不在乎。多年来苏菲一直这样地弹着，弹得很高兴。

苏菲也喜欢五音不全的唱歌和自由自在的绘画。从前还自得其乐于不高明的缝纫，后来做久了终于做得不错。苏菲在这些方面的能力不强，但她并不以为耻。因为她不愿意活在别人的价值观里，她认为自己有一两样东西做得不错。

"啊，你开始织毛衣了。"一位朋友对苏菲说："让我来教你用卷线织法和立体织法来织一件别致的开襟毛衣，织出十二只小鹿在襟前跳跃的图案吧。我给女儿织过这样一件。毛线是我自己染的。"苏菲心想，我为什么要找这么多麻烦？做这件事只不过是为了使自己感到快乐，并不是要给别人看以取悦别人。直到现在为止，苏菲看着自己正在编织的黄色围巾每星期加长五至六厘米时，还是自得其乐。

从苏菲的经历中不难看出，她生活得很幸福，而这种幸福的获得正在于，她做到了不是为了向他人证明自己是优秀的，而有意识地去索取他人的认可。改变自己一向坚持的立场去追求他人的认可，并不能获得真正的快乐，这样一条简单的道理并非人人都能在内心接受它，并按照这条道理去生活。因为人们总是会认为，那种成功者所享受到的幸福，就在于他们得到了这个世界大多数人的认可。

其实，获得幸福的最有效的方式就是不要为他人而活，不让他人的价值观影响自己，就是避免去追逐它，就是不向每个人去要求它。通过和你自己紧紧相连，通过把你积极的自我形象当作你的顾问，通过这些，你就能得到更多的认可。

画出属于你自己的人生色彩

人生就像是一场比赛：在冲向终点的过程中，难免有人会向你打压、向你喝倒彩。你是想要成功还是想要平凡无为？倘若有人对你说，"停下吧，你的目标无法实现"，你又该如何应对？

几只蛤蟆在进行"田径比赛"，终点是一座高塔的顶端，周围有一大群蛤蟆前来观战。

比赛刚开始不久，观众便大声议论起来："真不知道它们是怎样想的，做这种不现实的事情，它们怎么可能蹦到塔顶上呢？简直是天方夜谭！"

过了不久，观众们开始为蛤蟆选手们喝倒彩："喂，你们还是停下来吧！这场比赛根本不现实，这是不可能达到的目的！"

陆续地，蛤蟆选手们一一被说服，它们退却了，停了下来。然而，却有一只蛤蟆始终不为所动，一往无前地向前……向前……

比赛结果，其他蛤蟆选手全部半途而废，唯有那只蛤蟆以惊人的毅力完成了比赛。所有蛤蟆都很好奇——为什么它有这么强的毅力呢？最后它们才发现，原来它是一只聋蛤蟆。

不要让别人的评价成为你行动的基准，否则，还有什么自我可言？有些时候，我们索性就让自己做一只"聋蛤蟆"吧！这样，你反而会收获更多。

英国剑桥郡的世界第一名女性打击乐独奏家伊芙琳·格兰妮说："从一开始我就决定：一定不要让其他人的观点阻挡我成为一名音乐家的热情。"

她出生在苏格兰东北部的一个农场，从8岁时就开始学习钢琴。随着年龄的增长，她对音乐的热情与日俱增。但不幸的是，她的听力却在渐渐地下降，医生们断定是由于难以康复的神经损伤造成的，而且断定到了12岁，她将彻底耳聋。可是，她对音乐的热爱却从未停止过。

她的目标是成为打击乐独奏家，虽然当时并没有这么一类音乐家。为了演奏，她学会了用自己特有的方式来感受其他人演奏的音乐。她不穿鞋，只穿着长袜演奏，这样她就能通过她的身体和想象感觉到每个音符的震动，她几乎用她所有的感官来感受着她的整个声乐世界。

她决心成为一名音乐家，而不是一名聋的音乐家，于是她向伦敦著名的皇家音乐学院提出了申请。

因为以前从来没有一个聋学生提出过申请，所以一些老师反对接收她入学。但是她的演奏征服了所有的老师，她顺利地入了学，并在毕业时荣获了学院的最高荣誉奖。

从那以后，她的目标就致力于成为一位出色的专职的打击乐独奏家，并且为打击乐独奏谱写和改编了很多乐章，因为那时几乎没有专为打击乐而谱写的乐谱。

如今，她已经成为一位出色的专职打击乐独奏家了，因为她很早就下了决心，不会仅仅由于医生诊断她完全变聋而放弃追求，因为医生的诊断并不能阻止她对音乐执着的热爱与追求。

　　事实证明：伊芙琳·格兰妮的选择是正确的。如果她是个软弱的人，只是听从医生给她下的结论而不与命运去抗争，那样她的音乐才华不仅泯灭了，人类历史上也会少了一个著名的打击乐演奏家。

　　人生难免会遇到这种情况，很多时候，旁观者会对你做出主观评价，以他们的视角来审视你的人生。于是，往往会对你做出不公正的"宣判"。这时，请不要在意别人的看法，继续做你自己、做你自己该做的选择，画出你自己的人生色彩！